"十三五"国家重点图书出版规划项目

说三农书系

画说奶牛常见病防治

中国农业科学院组织编写

侯引绪　著

U0306844

中国农业科学技术出版社

图书在版编目（CIP）数据

画说奶牛常见病防治 / 侯引绪 著 . —
北京：中国农业科学技术出版社，2019.8
ISBN 978-7-5116-4262-2

Ⅰ . ①画 … Ⅱ . ①侯 … Ⅲ . ①乳牛 - 牛病 - 常见病 -
防治 - 图解 Ⅳ . ① S858.23-64

中国版本图书馆 CIP 数据核字（2019）第 123022 号

责任编辑　张国锋
责任校对　李向荣

出　版　者	中国农业科学技术出版社
	北京市中关村南大街 12 号　邮编：100081
电　　　话	（010）82106636（编辑室）　　（010）82109702（发行部）
	（010）82109709（读者服务部）
传　　　真	（010）82106631
网　　　址	http://www.CASTP.cn
经　销　者	各地新华书店
印　刷　者	北京东方宝隆印刷有限公司
开　　　本	880mm×1 230mm　1/32
印　　　张	5
字　　　数	156 千字
版　　　次	2019 年 8 月第 1 版　2019 年 8 月第 1 次印刷
定　　　价	35.00 元

编委会

《画说『三农』书系》

主　任	张合成
副主任	李金祥　王汉中　贾广东
委　员	贾敬敦　杨雄年　王守聪　范　军
	高士军　任天志　贡锡锋　王述民
	冯东昕　杨永坤　刘春明　孙日飞
	秦玉昌　王加启　戴小枫　袁龙江
	周清波　孙　坦　汪飞杰　王东阳
	程式华　陈万权　曹永生　殷　宏
	陈巧敏　骆建忠　张应禄　李志平

农业、农村和农民问题，是关系国计民生的根本性问题。农业强不强、农村美不美、农民富不富，决定着亿万农民的获得感和幸福感，决定着我国全面小康社会的成色和社会主义现代化的质量。必须立足国情、农情，切实增强责任感、使命感和紧迫感，竭尽全力，以更大的决心、更明确的目标、更有力的举措推动农业全面升级、农村全面进步、农民全面发展，谱写乡村振兴的新篇章。

中国农业科学院是国家综合性农业科研机构，担负着全国农业重大基础与应用基础研究、应用研究和高新技术研究的任务，致力于解决我国农业及农村经济发展中战略性、全局性、关键性、基础性重大科技问题。根据习总书记"三个面向""两个一流""一个整体跃升"的指示精神，中国农业科学院面向世界农业科技前沿、面向国家重大需求、面向现代农业建设主战场，组织实施"科技创新工程"，加快建设世界一流学科和一流科研院所，勇攀高峰，率先跨越；牵头组建国家农业科技创新联盟，联合各级农业科研院所、高校、企业和农业生产组织，共同推动我国农业科技整体跃升，为乡村振兴提供强大的科技支撑。

　　组织编写《画说"三农"书系》，是中国农业科学院在新时代加快普及现代农业科技知识，帮助农民职业化发展的重要举措。我们在全国范围遴选优秀专家，组织编写农民朋友用得上、喜欢看的系列图书，图文并茂展示先进、实用的农业科技知识，希望能为农民朋友提升技能、发展产业、振兴乡村作出贡献。

中国农业科学院党组书记　张合成

2018 年 10 月 1 日

前言

《画说奶牛常见病防治》

消费者最关心的是乳品质量安全，奶牛人最关心的是奶牛疫病防治；奶源质量安全是乳业健康可持续发展的关键，没有健康的奶牛就没有高品质的生鲜乳。

随着奶牛生产性能大幅提升和养殖模式发展变化，奶牛乳房炎、代谢病、繁殖疾病、蹄病、传染病呈上升趋势。随着民众对公共卫生安全关注度不断升高，奶牛场面对的奶牛传染病防控及环境保护压力不断增大，做好奶牛保健和疾病防治工作就成了我国现代化乳业面临的一项核心工作。《画说奶牛常见病防治》就是针对当前奶牛养殖者在奶牛疾病诊治方面的技术需求编写而成。

本书以笔者多年入场进圈、从事奶牛疾病防治的临床研究和经验为主，以奶牛场当前面对的多发性、共性、难点性疾病防治问题为主线，以理论知识够用为原则，重点介绍了奶牛疾病临床防治方面的新知识、新观念、新技术、新成果和一些疑难病症，力图为奶牛养殖一线的技术人员在奶牛疾病诊治方面提供科学实用、针对性强、与时俱进的新内容，为奶牛疾病临床防治提供科技支持。

　　本书未以传统的牛病防治教课书为模本，而是以牛场牛病诊治的迫切需求为出发点，坚持以实用为原则。在撰写过程中，力求文字通俗易懂、内容科学实用，图文并茂，画说字述相结合，为读者提供了自己多年来收集的近 200 张珍贵的临床病例彩色照片，以便读者能直观地学习知识、了解症状，轻松地学习掌握临床诊断要点和治疗防控措施。

　　鉴于笔者水平有限，在奶牛医学及奶牛饲养管理方面的知识和实践局限，书中的错误与不足在所难免，敬请读者和行业专家指正。

　　在本书的写作过程中，得到了我国著名奶牛疾病防治专家齐长明教授的悉心指导；得到了北京市奶牛创新团队专家、同事的大力指导和岗位专家项目资金资助；得到了华秦源（北京）动物药业有限公司技术团队的大力帮助；得到了北京中地乳业控股有限公司的大力支持与帮助；得到了奶牛产业技术体系北京市创新团队专家和同仁的协助指导；得到了北京农业职业学院张凡建副教授、孙健讲师的精诚协助。在此表示衷心感谢！祝福中国奶业更加兴旺发达！祝福养牛人一生康乐！

侯引绪

2019-6-7

Contents | 目　录

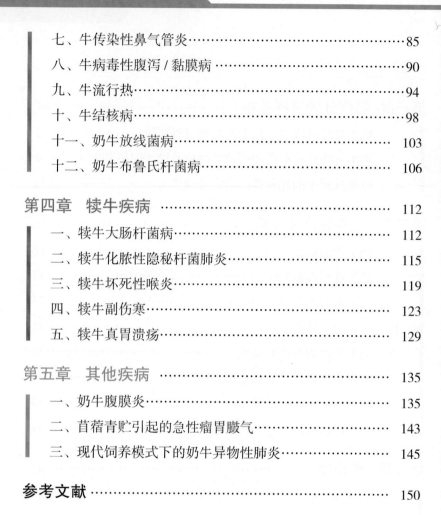

第一章

奶牛分娩过程监控

干奶是奶牛上一个泌乳期的结束，分娩是奶牛又一个新泌乳期的开始；分娩是母牛将孕育成熟的生命从母体排出到体外的一个艰辛过程（图1-1）；分娩又是奶牛在每个胎次中必须经历的一个最大生理应激或挑战。分娩过程正常与否直接影响着奶牛围产后期的生理功能及器官结构恢复；分娩过程是造成奶牛生殖器官感染、损伤，引起繁殖功能障碍的一个重要过程。

图1-1　奶牛自然分娩

分娩过程不恰当地介入、干扰、助产会对围产后期奶牛从分娩状态转入正常泌乳状态造成严重影响，也会对胎儿和母体健康造成严重影响。过早进行产道检查、助产会使奶牛生殖系统发生感染、损伤的概率大大增加，也会由于人为不当干扰奶牛分娩过程而导致人为难产；过晚进行产道检查、助产又会因为错失产道检查、助产良机而对母牛和胎牛的健康及生命安全造成威胁。因此，兽医必须认真做好奶牛分娩过程监控工作，掌握奶牛分娩过程中的行为、肢体语言等表现，精准把握奶牛分娩过程中的产道检查及助产时机判定技术。

一、奶牛分娩阶段划分标志及分娩过程监控

奶牛的完整分娩过程可人为将其分为三个阶段，即分娩启动阶段（子宫颈口开张期）、分娩第二阶段（胎儿排出期）、分娩第三阶段（胎衣排出期）。这三个阶段是依据牛分娩过程中的生理变化特点、产道变化特点、胎儿及胎衣在产道中的运行特点来划分的，三个阶段均有明显的外在行为表现和肢体语言表现，我们可以根据相应的行为和肢体语言表现来观察、判定奶牛的分娩过程进行到了哪一个阶段，也可依此判定其分娩过程是否正常，是否需要进行产道检查、助产等人为干预或协助。

（一）分娩启动阶段的行为表现和起止标志

1. 奶牛分娩启动阶段的起止标志

（1）分娩启动阶段的起始标志

规模化奶牛养殖模式使奶牛预产期的准确性大为升高，一般情况下预产期与实际分娩日的误差不会超过1周。按照奶牛预产期计算公式就可以计算出奶牛的预产期，当奶牛到了相应的预产期或临近预产期时，如果奶牛突然出现不食、哞叫、不安、尾根间歇性抬起、腹痛等非疾病性异常表现时，就意味着奶牛分娩启动阶段开始（图1-2）。

图1-2　分娩启动阶段起止标志

这时，产房工作人员应将奶牛轰（赶）到产房或产房的运动场中，给奶牛提供一个相对安静、适宜的分娩空间，让其安心分娩。

（2）分娩启动阶段的终止标志

分娩启动阶段终止的外在标志是腹部出现明显的间歇性起伏（努责），内在标志是子宫口开张（图1-3）。当胎囊进入产道，产道壁上的神经感受器受到胎囊、胎儿刺激时，会反射性引起机体内分泌系

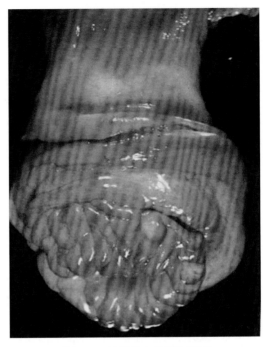

图1-3　封闭状态的子宫颈口

统释放出大量促进分娩的激素，脑垂体后叶分泌大量催产素等激素，从而引起腹肌、膈肌间歇性收缩。

2. 分娩启动阶段所经历的时间

正常情况下，奶牛分娩启动阶段需要经历2~8h，初产奶牛分娩过程的外在行为表现强烈、时间较长，经产奶牛的外在行为表现相对要弱一些、持续时间要短一些。

3. 分娩奶牛在分娩启动阶段的主要行为表现

在分娩启动阶段，奶牛出现腹疼、不安、不食等一系列表现的主要原因是因为奶牛在分娩激素及相关激素作用下，子宫出现了间歇性收缩（阵缩）。随着分娩过程的进行，子宫阵缩的间歇期会逐渐变短，阵缩频率会逐渐变大，阵缩力量会不断加强。

随着分娩过程的持续，母牛对子宫阵缩所致腹痛的耐受性会升

高、敏感性下降，奶牛会选择一个相对安静、不易受外界因素干扰的地方"独自低头呆立、若有所思"，默默忍受阵缩带来的疼痛与不适。

奶牛在这一阶段一般保持站立姿势、不会躺卧。大多数情况下，我们往往不易在第一时间发现分娩启动的开始时刻。

4. 在分娩启动阶段进行产道检查及助产的不良后果

在这一阶段进行产道检查是完全没有必要的，如果在此阶段进行产道检查或助产，不但会增加生殖道感染概率，还会干扰奶牛的正常分娩，提高难产率。子宫颈口开张就是在此阶段完成的，在子宫颈口开张不充分的情况下，强行助产会造成母牛生殖道撕裂等严重损伤。

5. 分娩过程中阵缩的作用

阵缩是子宫的一种间歇性收缩，是分娩启动阶段的唯一产力，所以奶牛会出现腹痛不安的表现，但腹部并不会呈现间歇性起伏。在分娩启动阶段，奶牛的神经内分泌功能发生了剧烈变化，在雌性激素等分娩激素作用下，奶牛的子宫颈口会由封闭状态变为开张状态，从而为胎儿的排出创造条件。

另外，分娩启动阶段的阵缩对胎儿的胎位、胎势也有一定的微调作用和促进胎儿排出的作用。在子宫的阵缩过程中，阵缩对胎儿有一定的挤压，这种挤压会影响胎儿脐带中血液流动，在挤压过程中胎儿会反射性地选择一种更舒服、更有利于分娩产出的姿势。如果胎儿在这一阶段胎势存在小幅度异常，阵缩对其有一定的调整作用。

（二）奶牛分娩第二阶段（胎儿排出期）的起止标志

1. 分娩第二阶段（胎儿排出期）的起始标志

分娩启始阶段的终止标志就是分娩第二阶段的启始标志（图1-4），即奶牛分娩第二阶段的起始标志就是分娩第一阶段终止标志（努责出现）。

图1-4　奶牛分娩第二阶段起止标志

　　当奶牛结束分娩第一阶段后，子宫颈口开张，胎囊、胎儿部分出了子宫颈口、进入产道，排出胎儿成为分娩第二阶段的主要任务。

　　胎儿的体重大多在35kg以上，怀孕后期多下沉于腹底。要将胎儿从腹底提升到与产道等高的水平面，并将其从腹腔排出到体外，单靠子宫的收缩力是无法实现的，必须依靠膈肌、腹肌的收缩力量才能完成胎儿的排出过程。因此，母牛就启动了腹肌和膈肌的间歇性收缩（努责），努责的力量不但远大于阵缩的力量，而且努责会引起腹壁明显起伏，阵缩则不会。在阵缩的基础上努责的出现进一步加重了奶牛的腹痛和不安。

　　努责和阵缩的共同之处都不是强直性持续收缩，而是一种间歇性收缩，这为胎儿通过脐带供氧提供了安全保障。

　　2. 分娩第二阶段的终止标志

　　第二阶段的终止标志是胎儿从产道排出头及二前肢出了母牛阴门（正生），或二后肢脐部出了母牛阴门。

　　3. 分娩奶牛在分娩第二阶段主要行为表现

　　努责的出现加剧了分娩母牛的疼痛和不适。奶牛在分娩启动期的后期经历一段相对安静后，当进入胎儿排出期后会表现出更为强烈的腹痛和不舒，站立不安、躁动加重、反复起卧、排尿动作频频，腹部出现明显的间歇性起伏（努责），哞叫；在反复起卧之后，大多会选择左侧或右侧半侧卧姿势卧地分娩（图1-5），其间有较短时间的站立活动。

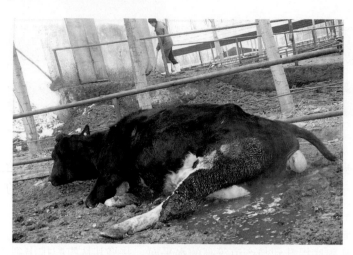

图1-5　母牛在分娩第二阶段的右侧
半侧卧姿势

　　奶牛在这一阶段所以会选择卧地姿势进行生产，这是因为牛卧地后地面对奶牛的腹壁有支撑作用，这样更有利于膈肌和腹肌的收缩，起到了加强努责的作用，所以牛会自然地选择这一姿势。由于在这一阶段母牛会用力努责，在母牛肚子起伏的同时，还会伴随腹部起伏发出用力努责的"吭、吭"声。

　　在分娩的第二阶段，随着努责及分娩过程的继续进行，当胎儿头部最宽处（正生）或臀部最宽处（倒生）通过骨盆腔最狭窄处时，许多母牛会从半侧卧姿势变为完全侧卧姿势，四肢伸直，甚至肌肉哆嗦、眼球振颤、口吐白沫、回头观腹、

图1-6　胎儿最宽处通过骨盆腔最窄处
时的完全侧卧姿势

强烈努责，此时母牛会表现出极度不安（图1-6）。

当出现这种行为和肢体表现时，不必恐慌，也不必进行产道检查或助产，这是许多母牛在分娩过程中呈现的一种正常"危相"。当这种极度不安的"危相"结束后，母牛会站起身来，稍做活动又恢复到分娩第二阶段初始状态的卧势（图1-7、图1-8），继续完成分娩过程。这一行为、卧势变化，等于分娩母牛在向主人传达一个分娩信息："分娩最困难的时刻已经过去！"接下来母牛会用半侧卧姿势完成将胎儿排出到体外的分娩过程。

图1-7、图1-8　胎儿最宽处通过骨盆腔后的分娩姿势

4. 分娩第二阶段经历的时间

在第二阶段，从子宫颈口完全开张到产出胎儿一般不超过4h，即从出现努责到胎儿产出一般不超过4h，大多在努责出现后1~2h产出。一般初产牛完成这一分娩过程的时间比经产牛要长一些。

5. 分娩第二阶段不科学的产道检查及助产的不良后果

在这一阶段，如果我们由于判断错误对牛实施产道检查或助产，会由于人为的不当参与，导致奶牛产力衰竭而引发难产；也会因此增大母牛生殖道感染概率。

（三）奶牛分娩第三阶段（胎衣排出期）的起止标志

1. 奶牛分娩第三阶段的起止标志

奶牛分娩第三阶段的起始标志是胎儿产出，终止标志是胎衣排出。

胎儿产出	➡	胎衣排出

胎衣就是胎膜及胎儿胎盘，胎膜和胎盘是胎儿在子宫中发育成长所必须的附属器官，这些器官对胎儿在子宫中的发育、物质交换起着非常重要的作用。但当胎儿产出后，胎衣在子宫中就相当于一种异物，失去了存在的意义。如果胎儿产出后胎衣仍然存留在子宫内，会严重影响牛生殖器官功能的恢复和子宫结构形态的复原，也可引起子宫感染或子宫炎症发生。胎衣排出是动物分娩过程完成的一个标志（图1-9、图1-10）。

图1-9、图1-10　胎衣排出期

2. 奶牛分娩第三阶段的行为表现

分娩第二阶段完成后，胎儿产出，奶牛的疼痛与不适显著降低，奶牛会进入一个较为安静的阶段。胎儿已经产出后，分娩母牛的努责也将在短时间内停止；阵缩在胎儿产出后也会暂停5min左右的时间，然后重新开始阵缩，直到胎衣排出后子宫阵缩停止。

胎儿排出后的子宫阵缩是促使胎衣排出的一个重要动力，通过子宫的阵缩，可促使母体胎盘与胎儿胎盘松动，解除母体胎盘与胎儿胎盘的扣合，从而使之分离、排出。

3. 奶牛分娩第三阶段经历的时间

奶牛胎衣排出一般在产后 4~6h 完成，最长不超过 12h。

胎衣排出时间大于 12h 就判定为胎衣不下，这是我们为了定义胎衣不下这一疾病，人为确定的一个时间。

正常的饲养管理情况下，牛群中胎衣不下发病率一般应该小于 5%。

二、奶牛分娩过程中的产道检查时机及助产时机判定

1. 分娩过程不必进行产道检查或助产的几种情形

① 分娩开始后 6h 内胎儿尚未产出，不必进行产道检查。

② 母牛分娩过程的行为表现和正常行为表现相一致，不必进行产道检查。

③ 头水（图 1-11）破后 1h 内，胎儿仍未产出，不宜做产道检查。

图 1-11　头水未破时的胎囊状态

2. 奶牛分娩过程中预示难产或必须做产道检查的几种情形

① 头水（尿水）排出后超过 1h 仍未看见胎儿，则必须进行产道检查，确定胎儿胎位、胎势、胎向等情况。

② 分娩过程行为表现异常，出现病理性异常表现。

③ 努责出现 4h 后，胎儿仍未能外露（胎儿大多在努责开始后 4h 发生死亡）。

④ 努责微弱或不努责，或努责突然停止。

⑤ 阴门外只露出一条腿。

⑥ 阴门外露出的二条腿明显一长一短。

⑦ 阴门外露出的二条腿掌心朝向相反。

⑧ 阴门外只看见胎儿的嘴或头而不见二前蹄。

⑨ 阴门外前肢露出较长时间后，仍未看见胎儿嘴头。

⑩ 阴门外露出三条腿或三个蹄子。

在上述情况时，需要适时地进行产道检查或助产（图 1-12）。

图 1-12　器械牵引助产

在此要特别说明的是，如分娩过程发现是倒生，则在恰当的时机需采用牵引方法及时助产。不可机械地照搬上述处理标准，因为倒生极易发生胎儿呛羊水问题。

另外，说明一下，85% 的奶牛在分娩过程中是首先从产道中排出尿囊（头水），然后才排出羊膜囊（二水及胎儿）。还有 15% 的奶牛在分娩过程中是先排出羊膜囊，随后排出尿囊，这种分娩过程的助产时机判定和前面情况是不一样的。在这种情况下，当羊膜囊及胎儿嘴头露出产道后，首先要撕破羊膜囊，以防止胎儿呛羊水。

在进行产道检查时，如在胎水中发现有胎粪，说明胎儿活力弱，应该及时进行助产，否则易发生胎儿窒息死亡或呛羊水问题；如发现胎水有臭味、色泽污浊等现象，说明胎儿死亡、腐败，应该进行助产处理。

三、分娩过程中的几种难产治疗处理技术

1. 子宫颈开张不全

分娩过程中，当奶牛发生子宫颈口开张不全时，如果进行强力的牵引助产，很可能会导致子宫颈口撕裂，子宫颈口撕裂严重者会因为大出血而导致奶牛死亡。对于子宫颈口开张不全的牛，可采用局部麻醉降低紧张度的方式进行治疗。另外，对于严重的子宫颈口开张不好只能用剖腹产手术进行治疗。

对于子宫颈口开张不全，兽医可在认真做好手臂、阴门及阴门周围清洗消毒的基础上，手持一个后端连接有软乳胶管的注射用针头，进入阴道，在未开张好的子宫颈口隆起上选择4~6点，将针头刺入隆起基部，通过与乳胶管另一端相连接的注射器向每点注射2%~3%的盐酸普鲁卡因10mL。15min后，通过阴门检查子宫颈口开张情况，如果感觉子宫颈口开张情况明显改善、隆起的子宫颈明显变软、紧张度明显下降，即可进行牵引助产。

2. 初产牛阴门狭窄处理（阴门侧切术）

阴门狭窄多发生于初产牛，经产牛较少发生。在阴门狭窄的情况下进行牵引助产，易导致阴门多处撕裂伤（图1-13），从而对奶牛的繁殖性能造成影响。对于初产牛阴门狭窄的处理，可采用阴门侧切术来处理，这样可以防

图1-13　阴门撕裂

止阴门撕裂（图1-13），减少损伤程度。其步骤如下。

第1步，用0.1%新洁尔灭消毒液对阴门周围进行清洗消毒。

第2步，用手术刀在阴门上方做两个对称性切口（图1-14），一般切口不超过10cm。

第3步，胎儿产出后用羊肠线采用结节缝合方式缝合。

第4步，涂抹药物（聚维酮碘或抗生素软膏等）。

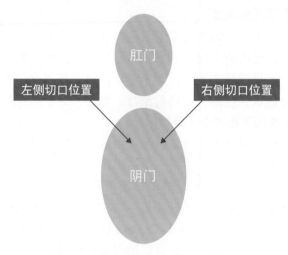

图1-14　奶牛阴门侧切术切口示意

3. 助产器牵引助产术

牵引助产是奶牛难产处理中常用的助产方法，此方法适用于胎位、胎势、胎向正常（图1-15）、产力不足、胎儿稍大、产道轻度狭窄等情况下的助产。

目前，助产器在奶牛牵引助产中得到了广泛使

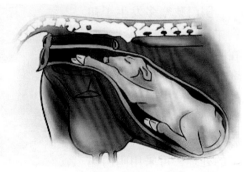

图1-15　正常状态下的胎位、胎势、胎向

用，助产器（图1-16）助产的优点主要表现在如下几个方面。

① 节省人力、操作简单，对于器械使用熟练、助产经验丰富的兽医来说，1~2人就可以完成相应的牵引助产工作（图1-17）。

图1-16　新型奶牛助产器　　　　图1-17　助产操作（1）

② 利用助产器助产有减缓分娩应激的作用。与一般的人力牵引助产相比，在用助产器助产过程中，牛的头部只做简单拴系或颈夹保定即可（图1-18）。

在胎儿牵引过程中，由于助产器是通过向前推牛的身体、向后牵拉胎儿来完成助产的。所以，在助产过程中没有向后牵拉分娩母牛的力量，母牛的颈部、头部不会承受相应的牵拉力量，助产过程中的不适与应激减小（图1-19）。

图1-18　助产操作（2）　　　　　图1-19　助产操作（3）

另外，在站立助产过程中，母牛也不会由于向后拉胎儿的力量而站立不稳倒地或向后退。

4. 奶牛剖腹产

由于剖腹产会对奶牛的繁殖性能造成严重影响，因此，奶牛场对剖腹产技术往往不太重视，也忽视了对剖腹产技术的学习、掌握。随着奶牛产奶量的大幅提升和肉牛及淘汰牛价格上涨，及时开展剖腹助产工作，对增加牛场收入、挽回经济损失具有良好的现实意义。

对于胎儿过大、产道严重狭窄，胎位、胎向、胎势严重异常的奶牛，在恰当的时机进行剖腹助产，不但有挽救胎儿、母体性命的作用，还可为奶牛场多产一胎奶，在平均产奶量 8 000~11 000kg 的牛场，多产一胎奶的经济效益是可观的。

在剖腹产时机选定科学，操作过程中认真、精细、专业的情况下，奶牛采食情况会在产后第 4d 基本恢复正常，泌乳性能会在第 7d 恢复到正常水平。

另外，剖腹产可挽救母牛的生命，如果产后子宫恢复较好，还可以配种受孕；如果不能配种怀孕也避免了牛场被动的紧急淘汰。严格地讲，病死奶牛是不可以出售食用的，通过剖腹产手术，变被动淘汰为主动淘汰，在恰当的时间经过肥育再进行淘汰，就可以获得更大的经济效益。

所以，剖腹产手术也是减少经济损失、提升奶牛养殖效益的一个有效途径，具有很现实的可行性和必要性。大型牛场应该重视剖腹产技术人员的培养。

5. 产道撕伤奶牛的检查与处理

奶牛分娩后，尤其是经过助产的牛，要在严格消毒的基础上再进行产道检查。其主要检查内容和处理方法如下。

（1）子宫颈口有无撕裂。如果有撕裂伤要进行缝合或止血处理，以免导致以后配种、输精困难，或子宫颈口形成积液腔；并肌内注射抗生素和福安达（氟尼葡甲胺注射液），镇痛、预防感染。

（2）产道黏膜有无撕裂。如果有撕裂，轻者涂抹碘甘油或子宫

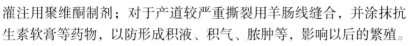

灌注用聚维酮制剂；对于产道较严重撕裂用羊肠线缝合，并涂抹抗生素软膏等药物，以防形成积液、积气、脓肿等，影响以后的繁殖。

另外，产后对奶牛产道检查还有确定是否是双胎的目的。

对于助产牛而言，在助产结束后兽医通过手进入产道触摸的方式进行产道检查是一种常见的产道检查方式。对于自然分娩的母牛来说，通过手进入产道检查的方式明显增加了生殖系统感染的概率。

可视化人工输精器则为进行产后产道检查提供了方便，可以知道防止产道感染的问题。如果牛场存在奶牛分娩过程中产道损伤的问题较多，可以用可视化人工输精器对分娩后的奶牛进行产道检查。

第二章

奶牛围产期疾病

一、奶牛产前截瘫

产前截瘫也叫妊娠截瘫，本病是奶牛怀孕末期运动器官机能障碍引起的一种疾病。奶牛发生产前截瘫时，病牛无导致瘫痪的局部病变，也无明显的其他全身症状。

（一）病因

对本病的病因目前还缺乏深刻了解。一般认为，奶牛产前截瘫可能是怀孕末期几种较轻的生理异常或病理变化或器官功能障碍，整合在一起表现出来的一种临床症状。可能与下列因素有关。

① 双胎及胎儿过大，机体瘦弱，以致母牛后躯负重过大，而导致本病发生。

② 病牛患有其他潜在性疾病。

③ 母牛日粮中钙、磷不足或比例不当。

（二）临床症状

产前截瘫（图 2-1）大多发生于产前数天或数周。病初仅见站立无力，两后肢交替踩地，频频换蹄。行走时步态不稳，后躯摇晃，卧下时起立困难。后期则完全不能站立、卧地不起。产前截瘫的奶牛多表现为两后肢运动机能障碍。

图 2-1　奶牛产前截瘫

发病后体温、脉搏、呼吸均正常，食欲及反应也基本正常。临床检查后躯无病理变化，疼痛反射正常。

如果卧地时间较长，可发生褥疮，甚至导致肌肉缺血、萎缩，也可继发其他疾病。发生于产前 1~2d 的奶牛，大多可在产犊后不久康复。

（三）诊断

依据临床症状一般可对本病做出初步诊断。

（四）治疗

① 加强对患病牛在治疗期间的护理是防治本病的重要措施之一。对病牛要精心饲养护理，保证每天供给富含蛋白质、维生素、矿物质及易消化的饲草料和饮水，每天翻身 2~4 次，每天按摩病牛后躯（用脚踩即可）2~3 次，每次 20~30min，在病牛的身下要垫好垫草。

② 静脉输注 10% 葡萄糖酸钙或氯化钙 300~500mL、肌注维生素D，对钙磷不足所引起的产前截瘫有较好的治疗作用。

③ 选用百会穴、后海穴及巴山穴施行电针治疗，对本病有一定疗效。

本病距离预产期近则治疗难度小，距离预产期远则治愈率低。对于距离预产日期较近的发病牛一般经适当的治疗及认真护理，当母牛坚持到分娩后即可治愈。

对于距离预产日期较近，但临床表现严重的牛可用氯前列烯醇进行引产，胎儿引出后配合产后治疗及护理，病牛也可康复。

二、奶牛妊娠毒血症

奶牛妊娠毒血症（图 2-2）是一种严重的消化、代谢障碍性疾病，此病发病突然，病程短急，后期治疗效果差，死亡率高。此病与干奶期或青年牛饲养后期营养水平过高导致的肥胖有关，也称肥胖母牛综合征。其病理性表现特点是进行性消瘦、脂肪肝、酮血症。

图 2-2　奶牛妊娠毒血症

　　目前，此病已成为奶牛场面对的一个重要代谢病，在某些典型牛群中发病率高达 50%，死亡率高达 25%，群发性的奶牛妊娠毒血症可给牛场造成重大经济损失。

　　（一）病因

　　① 日粮中某些特定蛋白质缺乏，导致载脂蛋白生成量减少，影响肝脏脂肪移除，从而导致本病发生。

　　② 分群不科学，干奶牛、青年牛与泌乳牛混群饲养易导致本病发生。

　　③ 干奶期母牛或妊娠后期 3 个月日粮中精料比例过大，或精料中能量、蛋白过高或实际采食量超过营养标准是导致奶牛妊娠毒血症的主要原因。

　　④ 精料配合不科学，精饲料中豆粕、棉籽粕等蛋白类成分添加过多，可导致本病发生。

　　⑤ 粗饲料质量低劣，导致奶牛采食精料相对过多，也可导致本病发生。

　　⑥ 过瘤胃脂肪等高能量添加剂添加过量，可导致本病发生。

　　⑦ 糟粕料添加过量（如啤酒糟）等可导致本病发生。

（二）发病机理

研究表明，奶牛体能的贮存在泌乳期为 59%，在干奶期为 85%，干奶期能量贮存的增加会造成奶牛肥胖，使体内贮存大量脂肪。肥胖可使奶牛分娩前后食欲大为降低，采食量下降可导致生糖的原先质缺乏，从而引起正常的糖异生受阻，血糖下降。

首先，一头牛每天约需 7.4kg 的葡萄糖，由于血糖下降，体内脂肪分解加强，脂肪分解过程中会释放出大量的脂肪酸进入血液，并随血液进入肝脏。在肝脏内由于缺乏合成载脂蛋白必需的磷脂，致使甘油三酯在肝脏中大量蓄积，使肝细胞发生严重的脂肪变性（脂肪肝）。

其次，在体脂肪分解过程中，还会产生大量的中间代谢产物，这些产物包括丙酮酸、乙酰乙酸、β-羟丁酸等物质。另外，肝脏细胞发生严重的脂肪变性后，肝脏的解毒、分泌等功能障碍，这就会造成大量对机体有毒害作用的中间代谢产物（如酮体等）在血液中蓄积，从而引起全身性中毒，这也是奶牛妊娠毒血症这一名称的由来。

当该病发展到后期出现临床症状时，许多器官的细胞发生了变性，因此药物治疗很难见效，这也是本病死亡率高的原因。严格地讲，奶牛妊娠毒血症并不是一个简单的酮病、肥胖或脂肪肝，而是一种复杂的严重的代谢障碍性疾病。

（三）临床症状

1. 最急性

最急性病例大多发生于分娩后，也可以发生于临分娩前两周内，常常以突然死亡而被发现，来不及治疗。

当青年牛在怀孕后期出现这种突然死亡病例时，应该联想到奶牛妊娠毒血症，并针对妊娠毒血症进行相应的监测、诊断，不能将诊断局限在传染病方面，由于饲养是导致本病发生的重要原因，所以，在饲养失误的奶牛场此病的发生会表现出一定的群发性。

2. 急性

大多数急性病例食欲废绝，瘤胃蠕动微弱，病牛精神沉郁，反应迟钝，步态不稳，粪干或排出腥臭黑色稀粪便，心率、呼吸正常，体温大多数正常、偶有体温高于 39.5℃病例，发病后 2~3d 内卧地不起，常以治疗无效而淘汰或以死亡告终。

3. 亚急性

亚急性病例呈产后奶牛酮病的主体临床症状。病程可延长到产后 20~30d，体温、呼吸、心率正常。发病牛由食欲差发展到不食，消瘦，分娩前后膘情变化显著，尿液pH值<7.2、偏酸，尿酮阳性，粪便少而干，可排少量黑色稀粪便，泌乳量逐渐减少甚至无奶，卧地不起，治疗效果差，也可继发子宫炎、乳房炎等病，最后因丧失治疗价值而被淘汰或衰竭而死。

总的来说，此病病程短，治愈率低。随着奶牛饲料条件的大幅提升，此病的发病呈上升趋势。在进口牛群中，这一疾病的发病率要高于非进口牛群，其主要原因如下。

其一，近年来，我国进口的奶牛大多来自于澳大利亚、新西兰、乌拉圭的育成牛或青年牛，这些国家草场资源丰富，他们大多采用的是放牧加补饲的饲养方式，尽管这些牛经过长期选育具有优秀的高产基因，但由于采用的是放牧加补饲的饲养方式，胎次产奶量一般为 60 00kg 左右，对高精料饲养需要一个适当的适应、过渡阶段。如果将这些育成牛或青年牛进口到国内奶牛场后，立刻改为高精料饲养条件，这些牛就很容易出现肥胖问题，就可导致青年牛在产前、产后出现妊娠毒血症。所以，进口奶牛必须根据其膘情因地制宜地制定相应的日粮标准，不可教条地照抄相应的营养标准。

其二，由于进口奶牛价格相对较高，遗传品质优良，国内奶牛场往往会给进口奶牛提供高品质的饲料条件，优质苜蓿、优质豆粕、压片玉米等，甚至不计饲料成本。这种过度"溺爱"式饲养，不仅造成饲料浪费，也是导致妊娠毒血症发生的一个原因。

（四）诊断

可依据本病的发病情况、临床表现、病理解剖变化做出临床诊断，也可以结合实验室化验做出最后诊断。

1. 病理变化

产前病牛肥胖，产后消瘦迅速。肝脏肿大，边缘变钝厚，颜色呈土黄色，质地变脆，呈现脂肪肝病理变化（图 2-3）。甚至用手就可将肝脏轻松撕裂，肝脏撕裂的断面或切面外翻，切面油腻、有一层油脂颗粒样物质。胆汁黏稠，胆汁中漂浮了一层黄色脂肪颗粒样物质。肺有瘀血、气肿病理变化。

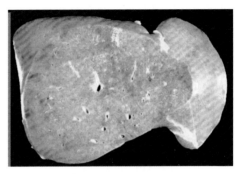

图 2-3　脂肪肝

肝脏组织切片，显微镜下观察，可见肝脏细胞发生严重的脂肪变性，肝细胞中有大的空泡（图 2-4）。肾脏组织切片，显微镜下观察，肾细胞发生脂肪变性，肾间质有红细胞聚集。

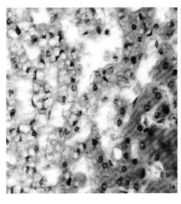

（1）　　　　　　　　　　　　（2）

图 2-4　肝细胞脂肪变性、细胞质内出现空泡样脂肪

2. 实验室诊断

因为奶牛妊娠毒血症是一种复杂的、严重的消化、代谢障碍性疾病，所以，奶牛发生此病后会表现出许多异常指标变化（表2-1），诊断时也可参考这些指标。另外，测定血液中游离脂肪酸含量高低对诊断此病也有重要参考意义。

表2-1 妊娠毒血症奶牛的几项生化检查指标

指标名称	正常参考值	妊娠毒血症测定值
血清总蛋白 TP（g/L）	67~75	55.5~60.5 ↓
血清白蛋白 ALB（g/L）	30~36	26.5~28.5 ↓
谷草转氨酶 AST（u/L）	45.3~150.0	183.6~194.5 ↑
总胆红素 TBI（μmoL）	0~9	12.8~16.2 ↑
直接胆红素 DBI（μmoL）	0~5	8.4~9.7 ↑
葡萄糖 GLU（mmol/L）	2.6~4.3	2.06~2.41 ↓
无机磷 IP（mmol/L）	1.19~2.65	2.84~3.09 ↑
血清钙 Ca（mmol/L）	2.05~2.69	1.74~2.58 ↓
血清镁 Mg（mmol/L）	0.79~1.19	0.58~0.65 ↓

注：所测妊娠毒血症指标来源为患病牛5头，↓表示指标降低，↑表示指标升高

（五）治疗

50%葡萄糖1 000mL，静脉注射；

5%碳酸氢钠500~1 000mL，静脉注射；

复方生理盐水1 000 mL，静脉注射；

10%磷酸二氢钠注射液500mL；

氢化可地松注射液100mL，静脉注射；

烟酸15g、氯化胆碱80g、纤维素酶60g、丙二醇300~400mL、钙磷镁合剂1000mL灌服；

复合维生素B注射液10~20mL，隔天肌内或皮下注射1次。

按此参考处方治疗，一个疗程为 4~5d。

（六）预防措施

① 科学配制日粮，保证精粗比例，精料中能量、蛋白饲料等配比科学，做好体况评分工作，防止干奶牛、青年牛妊娠后期肥胖。

② 分娩后给奶牛群灌服丙二醇，每天一次，一次 300~400mL，连续 3~5 次，对此病有预防作用。

③ 从产前 2 周开始，每天补饲烟酸 8g，氯化胆碱 80g，纤维素酶 60g，对此病有一定防控作用。

④ 保证日粮钙磷平衡，防止奶牛日粮中磷缺乏，对防治本病有一定意义。

⑤ 给干奶期或怀孕后期的青年牛提供高磷低钙日粮，对此病有一定防控作用。

三、奶牛胎衣不下

胎儿产出后，胎衣未能在正常的生理时限内排出就叫胎衣不下，也叫胎衣滞留。胎衣不下包括胎衣完全不下和胎衣部分不下。胎衣一般会在分娩出胎儿后 4~6h 排出，最长不超过 12h。如果胎衣排出时间大于 12h 就判定为胎衣不下，此标准是大家在奶牛临床疾病防治上为定性此病，人为给出的一个时间界定标准。

胎儿出生前，包裹在胎儿外周的胎膜为胎儿在子宫中的发育成长提供了良好的环境，胎膜包裹在胎儿外面，恰似胎儿穿着的衣服，所以被称为胎衣（图 2-5）。胎衣的主要组成部分为羊膜、尿膜、绒毛膜、胎儿胎盘。在妊娠阶段，胎衣通过母体胎盘、胎儿胎盘通过扣合方式，以类似于纽扣扣合的形式实现了胎衣

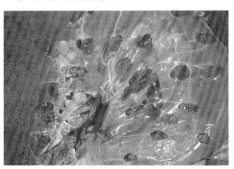

图 2-5　包裹在胎儿外的胎衣

与子宫内膜的结合。胎儿产出后，母体胎盘和胎儿胎盘分离，胎衣原有的生理功能丧失，胎衣在子宫中就会成为一个异物，必须将其排出。如果胎衣不能正常排出，将会造成子宫感染、发炎等不良影响，从而影响产后生殖器官结构和功能恢复，影响到奶牛繁殖性能，甚至会因急性全身性子宫炎而死亡。

（一）胎衣与子宫黏膜的扣合连接结构

当受精卵发育为胚泡，胚胎的发育无法依靠简单的渗透方式完成相应的物质代谢时，在繁殖激素等因素作用下，在胚泡的外层就会发育出胎膜，在胎膜外表层上就会通过增生的方式形成胎儿胎盘，在胎儿胎盘相对应的子宫黏膜处就会发育出母体胎盘。胎儿胎盘突出于胎膜表面，呈现整体突出、中央凹陷的结构形态；母体胎盘突出于子宫黏膜表面，顶部呈球形样的突起结构。通过二者扣合实现母体胎盘与胎儿胎盘联结、结合，形成完整的胎盘，俗称子包母式胎盘结构（图2-6）。胎盘是胎儿和母体实现物质代谢的重要器官，也是保护胎儿正常发育的一个重要屏障结构。

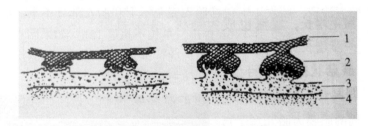

图2-6　胎衣与子宫黏膜的扣合式连接结构

1. 绒毛膜＋尿膜；2. 胎盘；3. 子宫内膜；4. 子宫壁

（二）胎衣排出机理

1. 胎儿产出后的子宫阵缩是促使胎衣排出的重要动力

当母牛分娩出胎儿后，子宫阵缩会暂停约5min的时间，此时牛表现相对安静，短暂的休息后，阵缩再次启动，母体要通过子宫的阵缩性收缩，促使母体胎盘与胎儿胎盘（图2-7）松动，从而达到解除母体胎盘与胎儿胎盘松动的目的。在这一阶段，母体胎盘（图 2-8）上的绒毛体积缩小、上皮发生变性、血液减少，从而使之易于与胎儿胎盘分离排出。

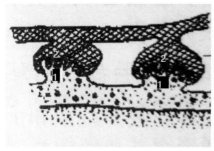

图 2-7　胎衣排出机理模式　　图 2-8　胎衣排出后子宫黏膜上的母
1. 母体胎盘　2. 胎儿胎盘　　　　　　　　　　体胎盘

2. 成熟的胎盘是胎衣正常排出的一个重要条件

胎盘一般于妊娠期满前 2~5d 完成自体成熟过程，俗话说"瓜熟蒂落"。没有成熟或成熟过程不充分的胎盘，不容易完成母体胎盘和胎儿胎盘的分离过程，成熟后的胎盘表面的结缔组织会发生胶原化、纤维变湿润、变直，使胎儿胎盘和母体胎盘变得容易分离。

另外，成熟胎盘子宫腺窝（图 2-9）上皮变平，在分娩激素的作用下组织变松软，这些变化为母体胎盘与胎儿胎盘的分离创造了条件，所以说胎盘成熟程度是胎衣正常排出的又一个重要因素。

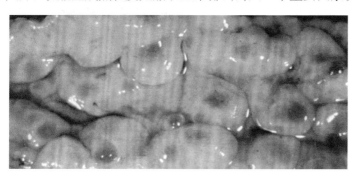

图 2-9　子宫黏膜上的腺窝

综合上述奶牛胎衣排出的机理可见，以下三种因素是决定奶牛产后胎衣能否正常排出的重要原因。

① 奶牛产后子宫阵缩力量。

② 分娩时母体胎盘和胎儿胎盘的成熟状况。

③ 炎症、充血、老化、坏死、结构异常等。

（三）胎衣不下原因分析与防治措施

1. 子宫阵缩无力

奶牛产后子宫阵缩无力是导致胎衣不下的一个重要原因，造成产后子宫阵缩无力的因素较为复杂，在此就其主要因素进行简述分析。

（1）免疫系统功能低下或障碍

当胎儿产出之后，胎衣就会变成体内的一种异物，免疫系统完成辨识之后，就会启动自身的排异反应，将其排出到体外。但当奶牛免疫系统功能低下或障碍时，这种排异反应会显著变弱，从而导致子宫阵缩能力低下或阵缩无力。

（2）干奶期营养元素供给不足或不平衡

干奶期或头胎牛妊娠后期的营养元素供给不足或不平衡主要表现为肥胖、瘦弱，产前食欲不振、前后不食等。其病理变化主要是脂肪肝、产前酮病，甚至妊娠毒血症、低血钙、低血磷、低血糖等。

肥胖和瘦弱均可导致子宫平滑肌收缩无力，从而导致子宫阵缩无力、胎衣不下发病率上升。除此之外，严重的肥胖还可导致奶牛妊娠后期及产后猝死发生（图2-10），尤其是饲养水平高的头胎牛最为突出。归根结底，导致肥胖、瘦弱和代谢紊乱的一个主要原因是干奶期营养元素供给不足或不平衡。

图2-10　奶牛妊娠后期猝死牛腹内蓄积的超量脂肪

例如，低血钙、低血磷、低血糖，维生素 D、维生素 A、维生素 E、Se 等不足或不平衡，载脂蛋白不足都可引起奶牛产出胎儿后子宫阵缩无力。低血钙可导致子宫平滑肌收缩无力，低血糖会导致能量不足而表现子宫收缩无力，低血磷会导致 ATP 生成不足而表现子宫收缩无力，维生素 D、维生素 A、维生素 E、Se 等元素缺乏和载脂蛋白缺乏，可导致肝脏等组织细胞代谢过程障碍，而表现子宫收缩力下降。

尽管奶牛围产前期疾病发病率显著低于围产后期，但围产后期的奶牛健康状况与围产前期及干奶期的饲养管理有密切因果关系，分娩及产奶应激是激发干奶期问题的一个重要生理节点，围产前期或干奶期问题是导致围产后期疾病发生的基础原因。

防控措施

① 调整日粮配方、保证营养元素充足平衡，提升奶牛免疫机能，加强兽医与营养师的日常沟通反馈。

② 维持好奶牛体况，干奶牛体况评分定位于 3.25~3.5 分。

③ 头胎牛与经产牛分群饲养。

④ 通过产后灌服，补充钙、磷、能量、维生素等营养元素（图 2-11）。在此需要注意的是：产后灌服葡萄糖酸钙的吸收率是灌服硫酸钙、氯化钙的 4 倍。

⑤ 产后立即静脉输糖、输钙。

⑥ 产前 1~2 周肌内注射维生素 A、维生素 D 注射液 10~20mL。

图 2-11 产后用新型瘤胃补液器灌服营养元素

⑦ 产后立即注射催产素（OXT）5~100IU。

⑧ 产后立即肌内注射氯前列烯醇 0.4~0.8mg。

⑨ 产后肌内注射催产素 5~100IU + 氯前列烯醇 0.4~0.8mg。

请注意：催产素和氯前列烯醇合用，具有提升子宫收缩的协同促进作用。

前列腺素的作用：◇ 前列腺素具有促进子宫平滑肌收缩的作用；◇ 前列腺素具有促进催产素分泌的作用；◇ 前列腺素可增加子宫对催产素的敏感性。

催产素的作用：◇ 催产素可以使子宫肌发生强烈收缩；◇ 催产素可通过促进子宫内膜 $PGF2\alpha$ 的合成使子宫收缩加强。

所以，催产素和氯前列烯醇合用，具有提升子宫收缩的协同促进作用。

（3）运动不足、干奶期过长

干奶牛保证适量的运动有增强子宫收缩功能的作用；干奶期过长极易导致奶牛干奶期肥胖，是造成奶牛肥胖的一个常见原因。

防控措施如下。

① 给干奶牛提供一定的运动空间。

② 保证围产群、新产群饲养密度 ≤ 80%。

③ 头胎与经产分群饲养，并及时调群。

（4）胎儿过大、双胎

胎儿过大或双胎可导致分娩过程时间延长，也可导致子宫过度扩张，子宫平滑肌疲劳和收缩无力，从而引发胎衣不下。

助产过程中的不当助产可导致子宫过度扩张，造成子宫机能和结构的损伤，从而引起子宫收缩无力。

防控措施如下。

① 加强干奶期饲养管理，科学调控干奶期日粮配比。

② 根据牛群具体情况科学选配选育，防止胎儿过大或双胎率升高。

③ 适时科学助产，助产不可强拉、乱推，避免损伤子宫结构或功能。

（5）产后不及时挤奶

产后不及时挤奶可导致催产素释放不足而影响子宫收缩，造成胎衣不下发病率升高。当胎儿产出后，奶牛的阵缩会暂停约5min，然后再次启动阵缩。第一次挤奶可促进分娩过程中第二个催产素分泌高峰出现（图2-12），这对胎衣排出有重要影响。

分娩启动OXT↑——胎头出子宫颈口↑↑↑——胎儿产出↓

图2-12　奶牛分娩过程催产素分泌变化（箭头个数表示分娩过程中催产素分泌水平高低）

防治措施：产后适时挤奶，通过挤奶过程中的按摩、挤奶刺激，促进奶牛产后释放更多的催产素，加强子宫阵缩，促进胎衣排出。

（6）产后过早注射非甾体类解热镇痛药（氟尼辛葡甲胺）

为了缓解分娩应激，往往给牛产后注射氟尼辛葡甲胺。但产后立即给奶牛注射氟尼辛葡甲胺可导致胎衣不下发病率升高。这是因为氟尼辛葡甲胺会抑制体内前列腺素合成酶（环化酶、氧化酶）合成，从而导致子宫收缩力下降、阵缩减弱（图2-13）。

图2-13　氟尼辛葡甲胺抑制体内前列腺素合成机理

防控措施：如果用氟尼辛葡甲胺来缓解奶牛分娩应激，等胎衣排出后再注射氟尼辛葡甲胺即可。为简化生产过程中注射氟尼辛葡甲胺程序，一般采用奶牛上午分娩、下午注射氟尼辛葡甲胺这种办法，下午分娩晚上注射氟尼辛葡甲胺的工作程序。

2. 胎盘成熟不充分

研究表明，奶牛胎盘的成熟时间一般在妊娠期满前 2~5d 成熟，成熟后胎盘的结缔组织胶原化、变湿润、纤维变长、结构变直，子宫腺窝变平、结构变松，在分娩激素作用下易于分离；未成熟的胎盘缺少上述变化或成熟过程不完全。

防控措施如下。

① 分娩前 1 周肌内注射 1~2 次维生素 A、维生素 D 注射液 20mL。

② 从饲养管理方面减少应激、防止怀孕母牛妊娠期缩短。

③ 及时干奶、避免干奶期过短。

④ 干奶牛免疫时一定要仔细阅读使用说明书，对于应激反应重的疫苗等母牛分娩后再进行免疫。

3. 胎盘老化

胎盘老化时，母体胎盘结缔组织增生，胎盘重量增加。结缔组织增生、母体胎盘表层组织增厚，使胎儿胎盘绒毛钳闭于腺窝中，不易分离，而导致胎衣不下发生。

另外，胎盘老化后，胎盘自身的分泌功能（前列腺素、雌激素等）减少、减弱不利于胎衣排出。

预防措施：结合子宫收缩无力 + 胎盘发育不全的防控方法进行防控。

4. 胎盘炎症

布鲁氏杆菌病和引起乳房炎、腹膜炎、肠炎等的病原微生物可使胎盘感染发生炎症，从而发生增生、坏死，胎儿胎盘和母体胎盘发生粘连，导致胎衣不下。

另外，饲喂发霉变质饲料，可使胎盘内绒毛和腺窝组织发生坏死，从而影响胎盘分离。

防控措施如下。

① 做好奶牛布鲁氏杆菌病、传染性鼻气管炎、病毒性腹泻、支原体子宫炎等疫病的免疫防控或净化工作，防止胎盘感染或炎症发生。

② 加强饲料加工、贮存过程管理，防止饲料发霉变质；不喂发霉变质饲料。夏季多雨水，饲料、饲草容易发霉变质，这也是夏季奶牛流产率高和胎衣不下发病率高的一个常见原因。

（四）胎衣不下治疗方法

子宫投药：碘制剂、抗生素制剂（土霉素等）、防腐消毒剂（氯己定）等。

肌内注射抗生素或静脉注射抗生素治疗。

四、奶牛产后瘫痪

从传统的奶牛疾病学科学知识体系来讲，产后瘫痪是奶牛分娩后突然发生的一种严重的代谢性疾病，也叫乳热症或低血钙症或生产瘫痪，其发病的直接原因是产后血钙下降或低血钙症。产后瘫痪的临床特征是：急性低血钙、知觉丧失（昏迷）、四肢瘫痪。

（一）病因及病理

奶牛产后瘫痪的发病机理目前还不十分清楚，但50多年前人们就发现引起本病的直接原因是产后血钙浓度急剧下降，并知道用静脉注射钙剂的方法进行治疗，可以获得较好的疗效。

另外，生产瘫痪的临床表现过程与大脑皮质缺氧有极大的相似性，所以有些人认为产后瘫痪是由于大脑皮质缺氧所致。进一步的研究表明，产后瘫痪的病理过程中确实存在缺氧这一病理过程，也有人认为，奶牛产后瘫痪的发生可能是某种因素单独作用的结果，也可能是几种因素综合作用的结果。

1. 低血钙

导致产后血钙浓度急剧下降的主要原因如下。

① 大量血钙被转移到初乳或常乳中，这是引起血钙下降的一个主要原因。

② 分娩前后从肠道吸收的钙量减少，也是引起血钙降低的一个原因。

妊娠末期胎儿迅速发育、胎水增多，胃肠器官受到挤压，因而蠕动降低，进食量减少，从而导致从胃肠消化吸收的钙量减少。分娩时雌性激素水平增高，使母体食欲下降，也影响了消化道对钙的消化吸收。

③ 产后机体动用骨钙的能力下降，进一步加重了血钙浓度的急剧下降。

甲状旁腺是机体动用骨钙的一个重要器官，甲状旁腺素是机体调节和释放骨钙的重要激素，分娩后甲状旁腺功能减退，使机体动用骨钙缓解血钙下降的功能受到抑制，从而使血钙的降低无法得到及时补充和缓解。

妊娠末期如果不用低钙日粮，继续用高钙日粮，由于产前血钙浓度较高，可刺激甲状腺分泌大量降钙素，使分娩后血钙进一步下降。另外，降钙素分泌增加，可直接抑制甲状旁腺的功能减退。

妊娠末期，由于胎儿骨骼发育迅速，母体骨骼中贮存的钙量大为减少，可动用的骨钙也大量减少。即使在甲状旁腺功能影响不大的情况下，也不能充分补偿产后血钙的大量流失，而使血钙下降。

④ 血镁降低也可影响骨钙的动用。

奶牛发生产后瘫痪时，常伴发有血镁降低，镁对钙代谢环节具有调节作用，血镁降低可降低骨钙的动用能力。

⑤ 同时也发现，产后瘫痪时患病牛的血磷（无机磷）也伴有明显降低。

2. 大脑皮质缺氧

有人认为，本病是由于一时性脑贫血、缺氧所致，其低血钙是脑缺氧的一个并发症。

① 分娩后腹压突然降低，由于腹腔器官被动性充血而导致脑贫血。

② 分娩后大量血液进入乳腺，是引起脑贫血的又一原因。

③ 分娩后肝脏血液贮存量增加，也是导致脑贫血的一个原因。

脑贫血时，一般都有短暂的兴奋期，肌肉震颤，搐搦，敏感性增高，随后出现肌肉无力、知觉丧失、瘫痪等。这些症状和产后瘫痪的症状有类似之处。

对于补钙无法治愈的病例，用乳房送风法却能治愈，这一点也有力地支持了脑缺氧机理。

利用皮质激素来升高患病牛血压、缓解脑贫血的治疗方法，也对脑贫血引发产后瘫痪的机理给予了支持。

（二）临床症状

奶牛产后瘫痪的症状按照病程发展可分为如下 3 个阶段。

前驱期：兴奋不安，紧张乱动，肌肉震颤、搐搦、磨牙、摇头、头颈部肌肉抽搐、神经敏感性增强、哞叫、惊慌，食欲下降或不食，排粪、排尿停止，前驱期经历的时间较短。

躺卧期：鼻镜干燥，精神沉郁、发呆，反射及感觉的敏感性降低、兴奋性降低，胃肠蠕动减弱或消失，不愿走动，四肢交替负重，后躯摇摆站立无力，共济失调，站立困难，以致瘫痪。卧地后头、颈呈"〜"状异常弯曲（图 2-14、图 2-15），或头颈弯向一侧，呈"犬卧状"（图 2-16）。体温稍低，四肢末端发凉，心音减弱、频率增加，呼吸变深。

图 2-14 非典型产后瘫痪病牛头颈"〜"状弯曲

产后瘫痪依据发病过程快慢和临床症状可分为典型性产后瘫痪，也称急性产后瘫痪（图 2-16）和非典型性产后瘫痪，也称慢性产后瘫痪。

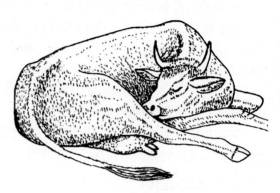

图 2-15　非典型产后瘫
痪头颈呈"⌒"状模式

图 2-16　急性产后瘫痪呈现的犬卧状姿势

典型性产后瘫痪发病突然、距离分娩日期短，多发生于产后
1~3d 内，发病过程急，病程短。非典型性产后瘫痪发病过程慢，症
状没有典型性产后瘫痪重。

昏迷期：病牛意识抑制和感觉丧失、昏睡、反射消失、肛门松弛、
胃肠道麻痹、吞咽困难，体温多降低（35~36℃），心跳微弱、增数
可达 120 次/min 以上，呼吸微弱，死亡前多昏迷不醒。

低血钙可导致奶牛骨骼肌兴奋、强直收缩，这是导致奶牛瘫痪
或运动机能障碍的根本原因；另外，低血钙又能导致平滑肌兴奋性
下降，以至于麻痹，这是奶牛产后瘫痪病例不吃、不喝、不排粪便、
不能吞咽的重要原因。典型性产后瘫痪在躺卧期和昏迷期奶牛所呈
现的犬卧状姿势和非典型性产后瘫痪所呈现的头颈"⌒"状弯曲，
由头颈二侧肌肉强直收缩不均衡所致。

（三）诊断

通过临床症状可做出初步诊断。

血钙测定。母牛在产后，其血钙浓度会出现不同程度的下降，
但患病牛的血钙下降更为严重，常降到正常水平的一半或更低的水

平，产后正常牛的血钙浓度为 8.0~12.0mg/100mL，发病牛的血钙浓度则为 3.0~7.0 mg/100mL。

（四）治疗

1. 钙糖钙疗法

一次静注钙制剂（10% 氯化钙或 10% 葡萄糖酸钙 500~1 000mL）。约有半数病例会在治疗后不久站起，有些愈后反复，所以可在半天内重复输钙治疗一次，剂量减半。为延长药效，还可用葡萄糖酸钙进行皮下注射，剂量为正常的 1/3。

注意事项如下。

① 采用静脉输钙进行治疗时，第一次钙剂用量要充足，如果剂量不足会延长病程，降低治愈率。

② 静脉输钙时速度不宜太快，尤其是冬天液体温度较低时容易引起心脏功能障碍，在输液过程中要注意监听奶牛心率。也可以用等量的葡萄糖或糖盐水把钙制剂浓度稀释一半后进行输液。

③ 对瘫痪而体温较高的牛，应先采用肌内注射氟尼辛葡甲胺、抗生素；静脉输复方生理盐水、糖盐水等方式将体温降到正常时再静脉输钙。

④ 在奶牛产后瘫痪的治疗上补钙和补糖一样的重要，切不要忽视补糖的重要性。笔者的临床研究表明，在高产牛群中产后低血钙症发病率为 16%，而低血糖发病率高达 100%。这就是在治疗低血钙症引起的产后瘫痪上不能忽视补糖的原因。

2. 其他疗法

可以在糖钙疗法的基础上配合地塞米松、维生素 D，灌服钙、磷、镁制剂等进行治疗。

（五）预防措施

① 干奶期给牛用低钙高磷日粮，这样可充分激活甲状旁腺功能，提高产后机体动用骨钙的能力，从而起到预防产后瘫痪的作用。

② 奶牛分娩后，静脉输钙、输糖对产后瘫痪也有很好的预防作用。

③ 奶牛分娩后灌服钙、磷、镁复方制剂也是防控奶牛产后瘫痪的一个有效办法。

④ 分娩前 2~7d 肌注维生素 D 1000 万 U，临产时重复一次，也有一定预防作用。

⑤ 干奶期给奶牛添加阴离子制剂对奶牛产后瘫痪也有预防作用。

五、奶牛低血磷性产后瘫痪

低血磷性产后瘫痪是由于机体 ATP 生成不足所致的全身肌无力而引起的一种产后瘫痪，也属于一种严重的代谢性疾病。随着我国奶牛养殖水平的大幅提升，精准化防治奶牛疾病已成为奶牛养殖场迫切关心的一个问题，如何诊断、防治低血磷引起的奶牛产后瘫痪也是奶牛临床兽医十分关注的一个话题。

（一）病因

① 日粮中磷缺乏，或者所用磷酸氢钙中含氟高，而降低了磷的吸收。

② 日粮中维生素 D 缺乏，降低了肠对磷酸盐的吸收。

③ 慢性腹泻、肾脏功能异常导致磷的排出增多。

④ 奶牛日粮长期添加或大剂量添加氧化镁、氢氧化镁，使之与无机磷结合，生成不溶性磷酸盐，不能被肠道吸收，而使血磷降低。

（二）发病机理

与奶牛低血钙导致全身骨骼肌兴奋性升高、肌肉强力收缩而引发的瘫痪不同，低血磷引起的全身肌无力是低血磷导致奶牛产后发生瘫痪的直接原因。

磷是机体组织细胞的重要组成成分，磷具有许多生物活性，在细胞结构、代谢、信号传导、离子转运等基本生理过程中发挥着极其重要的作用。当机体磷缺乏时会导致一系列的病理和生理变化。

低血磷可导致 ATP 生成减少，每生成 1mol ATP 就需要 1mol 无机磷。ATP 生成不足，可引起机体全身肌无力、反射降低、惊厥或昏迷。

严重磷缺乏还可导致呼吸衰竭。低血磷会影响呼吸肌的功能，磷是红细胞 2,3- 二磷酸甘油酸的成分，在血气运输到组织的过程中起重要作用，磷不足时可导致供氧不足。

低磷还可导致肺泡表面活性物质分泌不足，引起肺泡塌陷、闭锁，加重呼吸衰竭。

磷是细胞膜 、DNA、骨的组成成分，磷在能量代谢、信号传导、离子转运等方面有重要功能，低血磷症会导致多种脏器功能障碍。磷还是载蛋白的重要成分，磷缺乏还会引起脂肪肝等代谢性疾病发生。

（三）临床症状

低血磷性产后瘫痪奶牛表现倦怠、软弱（图 2-17）；头颈姿势正常、可抬头，有向前爬行的表现（图 2-18），或能勉强站立。食欲差或废绝，体温正常，心跳正常，四肢有痛感，但敏感性不强。反射性降低、沉郁，或昏迷、惊厥，呼吸浅弱。

图 2-17　低血磷性产后瘫痪所呈现的　　图 2-18　低血磷性产后瘫痪所呈现的
　　　　　瘫痪和神情倦怠　　　　　　　　　　　瘫痪及向前爬行姿势

（四）诊断

根据缺磷性产后瘫痪的特异性临床症状可做出初步诊断，进一步确诊需要化验血磷含量。奶牛血磷正常值为 33.3~105.0mg/L。

（五）治疗

10%磷酸二氢钠注射液 500mL。

磷酸二氢钠粉 50g 或磷酸氢钙每日于饲料中混喂。 每天 1 次，连用 3d；配合进行相应的对症治疗及支持治疗。

（六）预防措施

当前，奶牛更重视日粮中钙含量的科学与否，相对而言忽视了日粮中磷含量的科学评估，这也是导致奶牛产后代谢病发病率高的一个原因。

笔者对产后 40d 内的尾椎变形牛和尾椎正常奶牛的血磷做了检测及对比试验。试验结果表明，尾椎变形组（10 头）奶牛血清 P 含量平均值为（5.24 ± 0.22）mg/100mL，尾椎正常组（10 头）奶牛血清 P 含量平均值为（6.09 ± 0.21）mg/100mL，尾椎正常组奶牛的血清磷含量平均值比尾椎变形组高 0.85mg/100mL ，两组差异显著（$P < 0.05$）。

由此可见，在尾椎变形发生率较高的牛群中，缺磷的问题大于缺钙，在日粮调制上要重视磷的补充；如果在尾椎变形发生率较高的牛群中开展奶牛分娩后输液补钙预防产后瘫痪时要避免单纯补钙的做法，应该钙、磷同补，选用钙、磷、镁合剂等钙磷复合制剂开展奶牛产后输液补钙、补磷保健工作。在产后灌服保健工作中不能有"重补钙、不补磷"的意识。

六、奶牛低血钾性产后瘫痪

低血钾性产后瘫痪是由低血钾所致的四肢肌肉无力而导致的一种产后瘫痪。

随着我国奶牛产奶水平大幅提升，奶牛对营养元素缺乏或不平衡的敏感性变得尤为突出，由于营养元素供给不足所导致的代谢病发病率呈上升趋势。目前，低血钾、高血钾对奶牛生理机能的影响也成了大家较为关心的一个内容。

（一）病因

① 钾摄入不足。

② 日粮中钾不足。

③ 机体钾的排出或丢失较多。

④ 肾功能障碍、碱中毒。

⑤ 长期腹泻（例如，病毒性腹泻）。

（二）发病机理

低血钾所致的四肢肌肉无力是缺钾导致奶牛发生瘫痪的直接原因。钾离子是体内含量最多的离子，约有98%的钾离子存在于细胞内液，2%分布在细胞外液。

钾参与细胞的新陈代谢和酶促反应，一定浓度的钾对维持细胞内一些酶的活性，特别是在糖代谢过程中糖原的形成有重要生理意义。

缺钾时可引起机体正常的生理代谢机能障碍。血钾过低，心肌的兴奋性升高，表现异位心率紊乱。

急性严重低血钾可导致昏迷、抽搐，或出现四肢不同程度的弛缓性瘫痪，严重者呼吸肌麻痹，形成"鱼口状呼吸"，可导致死亡。

（三）临床症状

患病牛四肢肌肉软弱无力、瘫痪（图2-19），心肌兴奋性增强、心悸、心律失常、心率不齐，心率加快（80~100次/s）。腱反射迟钝或消失，精神抑郁、倦怠、沉郁淡漠、嗜睡、神志不清、甚至昏迷。

图2-19 奶牛缺钾性瘫痪

肠蠕动减弱，轻者有食欲不振、重者不食、有时口吐泡沫样液体、便秘；严重低血钾可引起腹胀、麻痹性肠梗阻。

（四）诊断

根据低血钾性瘫痪的特异性临床症状（例如心悸、心率异常等），可做出初步诊断。进一步确诊需要化验血钾含量，奶牛正常血钾值为 3.8~5.3mmol/L。

（五）治疗

一次性静脉输注 10% 氯化钾注射液 20~40mL；配合进行相应的对症治疗及支持治疗。

在给患病牛静脉注射 10% 氯化钾时，要将氯化钾稀释成 0.3%~0.4% 的浓度，输液速度不能太快。输液速度过快，会因高血钾症引起心率不齐、心动迟缓，甚至心跳停止。

七、奶牛低血镁性产后瘫痪

低血镁性产后瘫痪是由于产后低血镁引起的四肢肌肉兴奋性升高、抽搐所导致的一种运动机能障碍、站立困难、瘫痪，属于一种代谢性疾病，常并发于低血钙性产后瘫痪发病过程之中。

（一）发病机理

低血镁引起的四肢肌肉兴奋性升高，四肢肌肉抽搐是导致奶牛运动机能障碍、站立困难、瘫痪的直接原因。

除钠、钾、钙外，镁离子是动物体内位居第 4 位的常量元素，镁是细胞代谢中许多酶系统的激活剂。

缺镁可致贫血、代谢性酸中毒，并常伴有低血钾和低血钙发生，治疗时不纠正低血镁很难获得良好的效果。

镁离子是维持 DNA 螺旋结构和核糖体颗粒结构完整性所必需的离子。

镁离子是维持心肌正常代谢和心肌兴奋性的成分之一，缺镁也可引起心率异常，但没有低血钾明显。

（二）临床症状

缺镁可引起患病牛四肢抽搐、震挛（哆嗦），这种哆嗦或颤抖可以仅出现单个或一小块肌肉，也可出现眼球震颤，拱腰。病牛反应淡漠、精神沉郁，食欲下降或不食、瘫痪。其所导致的心律紊乱，包括室性心动过速、室性纤颤，甚至心脏停搏等。

（三）诊断

根据低血镁性瘫痪的特异性临床症状，例如四肢肌肉抽搐、震挛、哆嗦，心率异常等，可做出初步诊断。进一步确诊需要化验血镁含量，奶牛正常血镁值为 18~32mg/L。

（四）治疗

25% 硫酸镁注射液，肌内或静脉注射；同时，配合注射维生素 A、维生素 E、维生素 D、复合维生素 B 进行治疗。

八、奶牛产后截瘫

奶牛产后截瘫是由于决定奶牛正常分娩过程的要素存在一定程度异常，在分娩过程中导致母牛后躯肌肉、韧带、肌腱、神经、脊椎、骨骼等损伤，而无法站立的一种疾病（图 2-20）。随着奶牛饲养管理水平的迅速提升及养殖模式变化，在奶牛产后瘫痪得到有效控制之后，产后截瘫成了奶牛场（尤其是大型或万头奶牛场），面对的又一个重要的产后瘫痪性疾病，治愈率不高，病期较长，

图 2-20　奶牛产后截瘫

治疗难度较大，死淘率高。此病的病因、诊断、治疗较为复杂，也有人将奶牛产后截瘫归入奶牛产后爬卧综合征之列。

（一）病因

1. 胎儿过大

胎儿过大，压迫闭孔神经、盆骨神经等造成神经功能障碍或结构受损，从而引发奶牛产后截瘫；胎儿过大也可导致腰椎韧带、肌肉、肌腱剧伸、拉伤、损伤等功能或结构受损，从而引发产后截瘫发生。

2. 母牛怀双胎

母牛生双胎时，分娩过程延长，胎儿总体积增大，可由于挤压、骨盆及后躯神经等而导致本病发生；怀双胎的母牛分娩过程显著长于怀单胎的母牛；怀双胎母牛的产后截瘫发病率显著高于怀单胎的母牛。

3. 硬产道狭窄

产道大小是决定奶牛分娩过程是否正常的一个母体要素之一，在胎儿大小正常的情况下，如果硬产道狭窄同样可造成胎儿对母体骨盆神经、肌腱、骨等组织的过度挤压而发生截瘫。

4. 难产时不科学的助产

粗暴的助产是引起产道某一部位韧带、神经、肌肉、骨、关节损伤而发生截瘫的又一原因。

5. 奶牛产后瘫痪治疗护理不当

奶牛患产后瘫痪后，未及时治疗，或第一次补钙量不足，导致母牛在牛床上挣扎起卧、爬行，容易造成后躯神经、肌肉、韧带、关节等损伤，从而使产后瘫痪奶牛继发产后截瘫。

6. 奶牛产后虚弱

如果奶牛产后体质过度虚弱，肌肉乏力松弛，韧带紧张性降低，患牛起立困难，在强行起卧、运动中的跌跤、挣扎可导致产后截瘫；产后在光滑的地面上起卧行走，也可导致本病发生。另外，由于母牛产后虚弱、较长时间地卧地不起，未能有效治疗或护理不当，由于后躯肌肉受压迫、缺血造成相应的肌肉组织水肿、损伤、坏死也可导致产后截瘫发生。

（二）发病机理

尽管引起奶牛产后截瘫的原因较为复杂，但引起奶牛产后截瘫的直接原因可归纳为以下三点。

其一，由于分娩过程的异常挤压或压迫，导致闭孔神经、盆骨神经、胫骨神经功能或结构损伤（例如，水肿等），导致所支配的肌群或肌肉疼痛、功能障碍，而使后躯运动机能障碍、不能自行起立。

其二，由于分娩过程的异常挤压或压迫，导致骨盆、荐髂关节、腰椎部韧带、肌肉、肌腱的剧伸、水肿或机能与结构损伤，而使后躯运动机能障碍、不能自行起立。

其三，分娩过程中的异常压迫或强行助产所导致的关节脱位及骨盆骨折，也可引发奶牛产后截瘫。

（三）临床症状

奶牛产后截瘫绝大多数在分娩后立即发生，也可发生于产后3~5d，后躯无力、无法站立为主要临床表现（图2-21）。

患病牛体温、心率、呼吸一般均正常，瘤胃蠕动、食欲、反刍正常、精神状态正常、神志清楚、不昏睡，排粪、排尿正常。后躯无力，不能自行站立，但后躯神经反射基本正常；病牛虽然不能站立，但可爬动或有站立欲望，有些病例还能自行翻身。

图2-21　产后截瘫呈现的后躯无力、无法站立

人为驱赶时，患牛前肢呈跪爬起立姿势（图2-22、图2-23），人们形象地将其称为蛙卧状姿势。由于后躯软弱无力，后肢及臀部拖地不动，也可呈半蹲姿势（图2-24）。

图 2-22　产后截瘫牛呈现的跪爬姿势　　图 2-23　产后截瘫牛呈现的蛙卧
　　　　　　　　　　　　　　　　　　　　　　　　状姿势

图 2-24　产后截瘫呈现的半蹲姿势

（四）诊断

在临床诊断过程中，可依据临床症状，结合分娩过程、分娩时间、胎儿大小、是否双胎、助产过程等对此病做出临床诊断。该病诊断并不十分困难，但要考虑的因素较多而细致。进行细致的直肠检查或体表触摸检查时，可以触摸到患畜腰椎、骨盆不平整或后躯有相应的痛点。

目前尚无有效的实验室诊断方法，此病的诊断要注意与奶牛产后瘫痪相区分，两者的鉴别诊断要点见表 2-2。

表 2-2　奶牛产后截瘫与产后瘫痪的鉴别诊断要点

区别点	奶牛产后截瘫	奶牛产后瘫痪
胎次因素	头胎牛发病率高、经产牛发病率底	头胎牛发病率极低、经产牛发病率高
食欲	食欲正常	食欲明显下降或食欲废绝
排粪排尿	排粪、排尿正常	排粪、排尿减少或不排

(续表)

区别点	奶牛产后截瘫	奶牛产后瘫痪
咽肠功能	正常	伴有咽、舌及肠道有麻痹
精神状态	正常	高度沉郁或昏睡
体温	正常	偏低或正常
神志知觉	神志清楚	知觉障碍，反射知觉或消失
后躯反射	正常	减弱或消失
运动功能	后躯瘫痪、可爬行、有站立欲望	四肢瘫痪、静卧、不爬行、无站立欲望

（五）治疗

产后截瘫如果是骨折、韧带完全断裂、髋关节脱臼，则无治疗价值，应及早淘汰。因为全身或局部用药无法根除相应的病理损伤，随着病程延长会继发褥疮、感染、肌肉压迫性缺血、变性、坏死及败血症而失去治疗意义。

对于由分娩过程的异常压迫或不当助产，导致的闭孔神经、盆骨神经、胫骨神经一定程度的功能损伤或结构损伤（如水肿等）具有一定治疗价值。

对于由分娩过程的异常挤压或压迫或不当助产，导致的腰椎部韧带、肌肉、肌腱的剧伸、水肿或机能与结构一定程度的损伤也具有治疗价值。

新型非甾体类解热镇痛药治疗法临床治疗效果较好，且较为简单省事的一种治疗方法。

非甾体类解热镇痛药氟尼辛葡甲胺具有很好的解热、镇痛、抗炎、抗毒素作用，有助于神经、肌腱水肿及炎症的缓解。具体方法如下。

肌内注射 5% 的氟尼辛葡甲胺 20mL，每日 1 次；头孢噻呋注射液（每千克体重 1~2mg 头孢噻呋）；肌内注射维生素 B_1 20mL，每日 1 次；肌内注射维生素 C 注射液 30mL，每日 1 次；肌内注射维生素 A、维生素 D 注射液 20~30mL；连续治疗 3~5d。

（六）治疗期护理

由于奶牛体重巨大，从某种意义来说，治疗期的护理就显得尤其重要。

① 治疗期间给患病牛提供充足的饲草、饲料和饮水让其自由采食；

② 在患病牛躺卧的地方铺垫草、垫料；

③ 不时给患病牛翻身或转换躺卧姿势，防止一侧后躯肌肉过度受压迫；

④ 每天用脚踩的方式给病牛按摩后躯 2 次，每次 30~60min，或每天用松节油加等量的 10% 樟脑酒精擦拭后躯、臀部及大腿；

⑤ 冬天要注意病牛保暖；

⑥ 病牛起立后，要继续给药，维持治疗 2d 。

一、口蹄疫

口蹄疫是由口蹄疫病毒引起的偶蹄兽的一种急性、热性、高度接触性传染病。其特征为传播速度快，成年牛的口腔黏膜和鼻、蹄、乳房等部位形成水泡和烂斑（图 3-1），犊牛多因心肌受损而死亡。本病是世界性传染病，人和非偶蹄动物偶有感

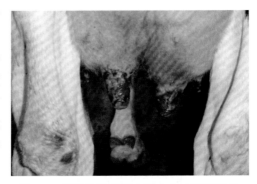

图 3-1　泌乳牛乳头部皮肤水疱破裂后形成的溃烂斑

染、但症状较轻。本病传播性较强，在一个牛群中发病率几乎能达 100%，往往造成广泛流行，引起巨大的经济损失，被国际兽疫局（OIE）列为 A 类家畜传染病。又因病毒具有多型性和易突变的特性，使诊断和防治更加困难。

另外，需要强调的一点，此病不属于人兽共患传染病，其临床病理表现（丘疹、疱疹等）虽然与儿童"手足口"病很是相似，但二者却是两种完全不同的疫病。手足口病的病原为肠道病毒（20 多种），此病于 1981 年首次出现在我国；而口蹄疫的病原为口蹄疫病毒，其发生历史悠长。所以，口蹄疫与儿童"手足口病"是两个完全独立的疫病，牛口蹄疫不传染人，儿童喝牛奶与患"手足口"病无关。

（一）病原

1. 口蹄疫病毒类型

口蹄疫病毒已知有 A、O、C、亚洲 I 型，南非 1、2、3 型，共 7 个主型。每个主型又有许多亚型（变型），目前总计已有 65 个亚型（变型）之多。

其中 O 型有 10 个亚型（变型），C 型有 5 个亚型（变型），亚洲 I 型有 3 个亚型（变型），南非 I、II、III 型分别有 6、3、4 个亚型（变型）。

在我国流行的口蹄疫病毒主要是 A、O、亚洲 I 型。从近年的发病统计来看，A 型流行渐广；而 O 型的流行递减；亚洲 I 型口蹄疫较少出现。

2018 年 1 月 2 日，中华人民共和国农业部公告第 2635 号文件通知：2011 年 6 月以来，全国未检出亚洲 I 型口蹄疫病原学阳性患牛。经全国动物防疫专家委员会评估，我国亚洲 I 型口蹄疫已达到全国免疫无疫标准。农业部研究决定，从 2018 年起调整亚洲 I 型口蹄疫防控策略，实施以监测扑杀为主的综合防控措施。自 2018 年 7 月 1 日起，在全国范围内停止亚洲 I 型口蹄疫免疫，停止生产销售含有亚洲 I 型口蹄疫病毒组分的疫苗。

2. 口蹄疫病毒的抵抗力

该病毒在 −70~−50 ℃可保存几年，这也是此病多在冬季发生，夏季极少发生的一个原因。病毒对酸碱敏感：

pH 值 6.5，4 ℃，14min，灭活 90%

pH 值 6.0，4 ℃，1min，灭活 90%

pH 值 5.0，4 ℃，1 秒，灭活 90%

pH 值 9.0 以上，4 ℃，迅速灭活

pH 值 7.0~7.5 4 ℃，很稳定

日光直射可迅速杀死该病毒，这就是此病冬季日照短时多发的又一个原因。

由此可见，口蹄疫病毒不耐较强的酸碱环境。针对口蹄疫的环

境消毒，选用过氧乙酸、次氯酸钠、火碱等效果较好。

（二）奶牛口蹄疫传播与流行特点

1. 传播途径

主要通过消化道传播（例如，粪、尿、奶）；呼吸道（例如，呼吸道分泌物、飞沫）传播；直接接触传播（例如，挤奶机、手、兽医、饲养员等）。另外，通过人工授精及飞鸟也能传播感染。

2. 传染源

感染牛和病后牛是主要的病毒传染源；感染牛在临床症状出现前，咽、呼吸道、乳房中已有此病毒存在。感染后恢复期的奶牛在一定时间内带毒，排毒时间长达 6~24 个月。

3. 发病季节

在我国大部分地区，冬季、春季多发（即每年的 10 月 1 日至翌年 5 月 1 日）。

（三）临床症状及病理变化

口蹄疫临床症状及病理变化以发热和口、蹄部出现水疱为共同特征。症状及病理变化程度因免疫状态和病毒毒力不同而有所区别。犊牛常突然死于急性心力衰竭。

自然感染牛的潜伏期为 2~5d，但也有报道潜伏期长达 2~3 周。病牛体温高达 40~41℃，犊牛尤为显著。病牛精神不振，食欲减退，产乳量突然下降。

口腔黏膜潮红，几分钟后在唇、齿龈、舌面和颊部黏膜上出现水疱，水疱迅速增大，破溃后在齿龈等表面形成溃烂斑（图 3-2），或露出红色糜烂区（图 3-3），患病牛出现流涎（图 3-4）。因病灶进一步感染可导致舌黏膜坏死、

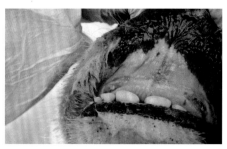

图 3-2 口蹄疫病牛齿龈上的溃烂性病理变化

剥离、脱落（图 3-5、图 3-6）。

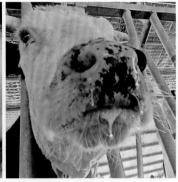

图 3-3　唇黏膜溃烂露出的红色糜烂区　　图 3-4　患口蹄疫病牛流涎症状

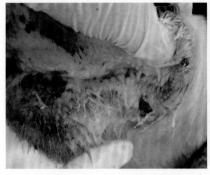

图 3-5　口蹄疫奶牛唇部黏膜破溃糜烂　图 3-6　舌黏膜上的水疱破裂感染导致
　　　　　　　　　　　　　　　　　　　的舌黏膜坏死、剥离、脱落

　　在蹄部水疱与口腔水疱同时发生，蹄冠、蹄底、指（趾）间隙皮肤均可见到水疱，水泡破裂后，形成痂块，感染后会导致指（趾）间皮肤溃烂、坏死（图 3-7、图 3-8）。病牛疼痛，跛行，呆立或卧地不起。水疱痊愈后，瘢痕可保留数周。严重的病例，由于水疱延至蹄匣内，使真皮与角质分离，导致角质蹄匣脱落。

　　奶牛患口蹄疫时，乳房及乳头上出现大小不一的水疱（图 3-9），水疱破溃感染可导致乳房和乳头皮肤溃烂（图 3-10），挤奶困难，若发生乳房炎，产奶量一般下降 1/8～3/4，整个泌乳期都受到影响，严重者或停止泌乳。

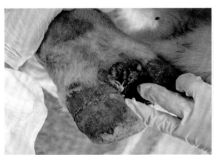

图 3-7、图 3-8 口蹄疫导致的趾间坏死

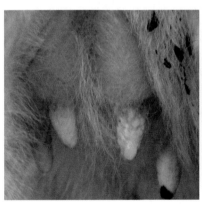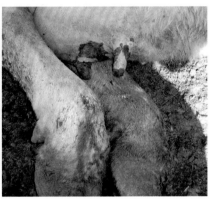

图 3-9 口蹄疫病牛乳头上形成的水疱　图 3-10 口蹄疫病牛乳房及乳头上的皮肤溃烂

　　犊牛的口蹄疫主要表现为心肌炎和胃肠炎，心率快、心悸亢进、口腔水疱和糜烂明显，但蹄部和皮肤水疱症状不明显。全身症状以高热、衰弱为主，常见下痢，视诊病犊精神尚好，但听诊心音亢进者常在 1～2d 内死于心肌炎。犊牛恶性型口蹄疫的死亡率高达 50%～70%。成年牛的症状较轻，多取良性经过，但怀孕母牛经常流产。若无继发细菌感染，致死率一般在 3% 以下。

（四）奶牛口蹄疫防控存在的难点与问题分析

1. 疫苗毒株与流行毒株匹配性是提高疫苗防控效果的关键

口蹄疫免疫时，必须使用与本地流行毒株匹配的病毒型、亚型的灭活苗，使用疫苗的毒株与当地流行毒株匹配，才能获得良好的防疫效果。这是因为 O 型、A 型、亚洲 I 型各型之间没有交叉免疫性，同血清型的各亚型或基因型之间仅有部分交叉免疫性。

目前，O 型口蹄疫病毒株根据 VP1 基因和流行地区统一划分为 10 个基因型。我国主要流行 3 个基因型毒株，即 Cathy 型毒株（中国型毒株）、Mya-98 型毒株（ 缅甸 98 ）、ME-SA 型毒株（中东 - 南亚型毒株）。

A 型口蹄疫病毒根据基因型和流行地区分为欧洲 - 南美型、亚洲型、非洲型 3 个基因型。

因此，当面对口蹄疫威胁时，相关单位应该及时确定口蹄疫病毒类型，及时为牛场提供相应的与流行毒株匹配的灭活苗。牛场不可盲目使用疫苗进行紧急接种，要多咨询、了解。另外，我国已经从 2018 年 7 月 1 日起禁止使用亚洲 I 型疫苗免疫。

2. 科学制订免疫程序

免疫次数决定于疫苗的免疫期长短，并不是免疫次数越多越好，不可随意加强免疫。口蹄疫频免频发的现象应该引起大家反思。

我国生产的口蹄疫灭活苗，免疫期 4~6 个月，注射后 2~3 周产生免疫力。

免疫程序：传统的免疫方法是对 3 月龄以上犊牛每年免疫 3~4 次。

受口蹄疫威胁地区可每年注射 3~4 次疫苗进行预防。

奶牛场周边地区发生口蹄疫时，应该立即进行紧急接种预防免疫。

临床监测我国常用的 3 种疫苗抗体及综合思考认为，一年 3 次的常态免疫较为科学。另外，利用新毒株制备的疫苗时，应当针对

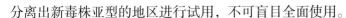

分离出新毒株亚型的地区进行试用，不可盲目全面使用。

3. 免疫效果评价及监测

免疫血清抗体滴度 ≥ 128 判定为免疫合格，疫苗抗体效价合格率达为 90% 以上，此时可达到 99% 的保护率。免疫监测时间为免疫后 21 d。

（五）奶牛口蹄疫免疫操作技术

1. 剂量及免疫途径

严格按疫苗标签上标定的特定年龄动物及特定免疫途径及一次接种疫苗的剂量使用。

2. 疫苗选用和贮运

① 选择与流行毒株相同血清型口蹄疫疫苗用于预防接种，疫苗产品说明书上标有相应的毒株和血清型。

② 根据牛群数量，准备足够完成一次免疫接种所需的指定厂家生产的同一批次的疫苗。

3. 疫苗的运输和贮存

① 疫苗应包装完好，2~8℃冷藏运输，冬季运输要注意防冻。

② 疫苗应在 2~8℃避光保存。

③ 疫苗的运输和保存应有完善的管理制度。

④ 疫苗的入库和发放必须做好记录。

⑤ 每批次疫苗应留样。

4. 疫苗使用要求

（1）对奶牛的要求　接种疫苗的奶牛经临床观察应未见异常；凡有病、体弱的牛不应接种；待病牛康复后再按规定接种；干奶牛不予接种；对犊牛免疫应严格按疫苗使用说明书要求进行。

（2）疫苗检查

① 疫苗使用前要仔细检查外包装是否完好（图 3-11、图 3-12），标签是否完整，包括疫苗名称、生产批号、批准文号、保存期或失效日期、生产厂家等。

② 出现瓶盖松动、疫苗瓶裂损、超过保存期、色泽与说明不符、瓶内有异物、发霉的疫苗，不得使用。

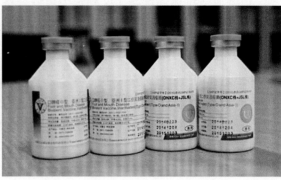

图 3-11　口蹄疫疫苗标签举例　　　图 3-12　口蹄疫疫苗包装外观举例

③ 接种前将疫苗升至室温，充分混合均匀，但要防止气泡影响免疫剂量的准确性。

5.免疫接种器械

（1）针头，牛使用 16~20 号（4.0cm）针头

（2）注射器和针头应洁净无菌

（3）免疫接种安全

① 首次使用疫苗的地区（新疫苗），建议先选择一定数量牛进行小范围试用，观察 7~10d，临床无不良反应后，方可扩大接种面积。

② 注射疫苗人员应携带肾上腺素，用于疫苗过敏反应时的急救治疗。

③ 发生疫情时，免疫接种应先从安全区域到受威胁区、最后到疫区的顺序进行紧急免疫预防。

6.免疫接种操作

① 注射部位用碘酊或 75% 酒精棉擦拭消毒注射部位。

② 用于接种的疫苗从冰箱取出后，应先预热至室温再进行注射。瓶塞上应固定一支消毒过的针头，其上覆盖酒精棉球。

③ 吸出的疫苗液不可再回注于瓶内，针筒排气溢出的疫苗液应吸积于酒精棉球上，并将其收集于专用瓶内，用过的酒精棉球、碘酊棉球应收集到指定容器内，与疫苗瓶一同进行无害化处理。

④ 疫苗要注入深层肌肉内，牛注射部位在颈侧中部上 1/3 处（图 3-13）；注射时针头与皮肤表面呈 45°。

图 3-13　口蹄疫免疫颈部注射部位

⑤ 一支注射器只能用于一种疫苗的接种免疫，接种时要严格执行一牛一针头的免疫注射要求。在目前牛群存在其他疫病的情况下，坚持这一条就显得更为重要，兽医人员一定要坚持免疫注射这一规定。

⑥ 疫苗在免疫过程中暂停接种时，应低温保存并避免日光直射。

⑦ 每瓶疫苗启用后，瓶内剩余疫苗用蜡封闭针孔，于 2~8℃ 贮存，超过 24h 不可再用。

7. 免疫应激缓解救治

① 每次奶牛免疫注射后要重视过敏监控工作，安排专人观察，及时注射肾上腺素，防控过敏。

② 对出现流产预兆的奶牛及时做好防流保胎工作，肌内注射黄体酮＋氟尼辛葡甲胺进行防治。

8. 免疫失败原因分析

① 疫苗运输保存不当，从疫苗出厂到疫苗使用这段时间内，如果对疫苗的保存和运输缺乏必要的常识，将疫苗存放在室温下，或在阳光下照射，可以导致疫苗效价降低或失效，最终导致免疫失败。

② 疫苗注射量过少、不按使用说明书注射量使用，导致疫苗量减少，机体产生的抗体减少，达不到对机体的保护能力。

③ 孕畜后期和病畜免疫系统机能不健全。

④ 打飞针、注射浅，由于速度快不能使疫苗足量注入肌肉中，

拔针后疫苗外溢，导致免疫失败。

⑤ 个别畜体在注射双价疫苗时，一种抗原产生抗体，另一种没有产生抗体。

二、巴氏杆菌病

牛巴氏杆菌病是由多杀性巴氏杆菌感染引起的一种急性、热性、出血性、败血性传染病，简称牛出败。其临床表现特征为突然发烧、咽喉、颌部、颈部皮下水肿、肺炎、内脏器官广泛出血。病程急促、发病率高、死亡率高。

牛巴氏杆菌病在世界许多国家都有发生，由于该病发病率高、病程急短，对奶牛养殖业危害巨大。牛巴氏杆菌病被认为是东南亚、中东、中部和南部非洲最重要的牛传染病 。

经历了多年的沉默，目前该病在我国有所抬头，发病呈上升趋势，后备牛、成母牛均可感染发病，该病在我国以地方性流行为主。

（一）病原

多杀性巴氏杆菌为革兰氏阴性细小球杆菌（图3-14），瑞氏染色时呈两极着色，卵圆形，大小为（0.3~0.6）μm×（0.7~2.5）μm，在普通培养基上生长不良，在血液培养基上生长良好。

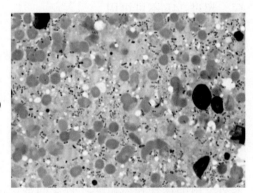

图3-14　多杀性巴氏杆菌姬姆萨染色

在感染本病的患牛各组织器官、分泌物、体液、排泄物中均可检出本菌。其中脾脏含菌最多，其次为胸腔、腹腔液及颌下和颈部的水肿液。少数慢性病例仅限于局部病灶，例如肺组织能分离到本菌。

巴氏杆菌对环境因素的抵抗力较差，对阳光和干燥抵抗力弱。

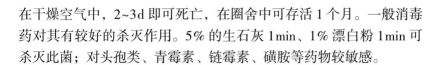

在干燥空气中，2~3d 即可死亡，在圈舍中可存活 1 个月。一般消毒药对其有较好的杀灭作用。5% 的生石灰 1min、1% 漂白粉 1min 可杀灭此菌；对头孢类、青霉素、链霉素、磺胺等药物较敏感。

（二）流行病学

本病一年四季均可发生，但夏季多发，以散发和地方性流行为主。犊牛、育成牛、青年牛、成母牛均可发病，由于本病的流行与气候、地理条件、饲养管理条件、免疫状态等有密切关系，在一个地区泌乳牛易感性高，但在另一个地区则可表现育成牛或青年牛或犊牛易感性高。在新疫区该病的发病率可达 10%~50%。

健康牛的上呼吸道也可存在本菌，其带菌率 0~80% 不等。当动物机体受到应激，如长途运输、温度骤变、雨季、潮湿、拥挤等外界因素变化影响时，可使动物机体免疫力和抗病力下降，病原菌即可乘虚而入，大量繁殖，发生内源性感染，导致牛巴氏杆菌病发生。

患病牛或带菌牛是主要的传染源，不同畜禽间一般不发生互相传染。患病牛通常通过排出的排泄物、分泌物向外散播病原菌，并污染相应的饮水、饲料、空气等；易感牛主要通过消化道、呼吸道感染此病。

（三）临床症状

牛巴氏杆菌病可分为肺炎型和败血型。肺炎型由血清 A 型引起，以纤维素性大叶性胸膜肺炎为特征；败血型巴氏杆菌病由血清 B 型或 E 型感染所致，呈急性、致死性败血症状，通称"出血性败血症"。

1. 败血型

败血型是最急性和急性巴氏杆菌病。

患败血型牛巴氏杆菌病的病牛体温可升高至 42℃。精神萎靡、心跳加快、食欲不振，腹痛，张口呼吸，舌头突出、水肿、发紫，粪便有黏液和血液、恶臭。内脏器官出血、腹腔有大量渗出液，常常还未查明病因和治疗，病牛已迅速死亡。

2. 肺炎型

肺炎型是亚急性和慢性巴氏杆菌病。

患肺炎型牛巴氏杆菌病的病牛主要表现为体温升高40~42℃，沉郁，食欲下降，鼻孔有黏脓性鼻液或浆液。湿咳，腹式呼吸，呼吸困难，喉部肿胀，头颈前伸张口呼吸，口流白沫（图3-15、图3-16），弓背，喜卧，颈、喉、前胸、前肢皮下炎性水肿（图3-17），严重牛会因窒息而死亡。

图3-15　巴氏杆菌病牛呼吸困难，头颈前伸张口呼吸症状

图3-16　巴氏杆菌病牛呼吸困难、头颈前伸、张口呼吸及腹式呼吸症状　　图3-17　巴氏杆菌病牛的颈、喉、前胸、前肢皮下炎性水肿

（四）病理变化

心外膜有各种大大小小的出血点，尤其是冠状沟附近出血斑点最为明显；胸腔有多量纤维素性或出血性渗出液，肺部呈大叶性肺炎、纤维素性肺炎病理变化，肺上有出血、瘀血；肺、心脏、脾脏和肾脏等各器官均有出血现象（图3-18至图3-20）；下颌、颈、前胸肿胀处切开后呈胶样浸润；肺门淋巴结、纵隔淋巴结肿大、局部淋巴肿大、切面有出血点。

图 3-18 巴氏杆菌病牛肺出血性病理变化

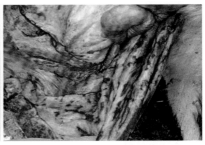
图 3-19 巴氏杆菌病牛大网膜上的出血性病理变化

（五）诊断

根据临床症状、剖检变化和流行病学特点，可作出初步诊断。

确认本病需要进行细菌分离鉴定，取肝组织涂片或血液涂片染色，显微镜镜检即可看到两极深染的巴氏杆菌。

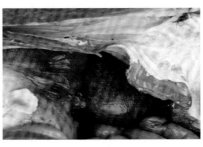
图 3-20 巴氏杆菌病牛膀胱出血性病理变化

（六）治疗

巴氏杆菌对头孢、青霉素、链霉素、磺胺等多种抗生素或磺胺类药物敏感。

头孢噻呋每千克体重 2mg，一次肌内注射，每天 1~2 次，连续注射 3d。

也可用磺胺嘧啶钠注射液静脉注射，2 次 /d，连续注射 3d。

同时，氟尼辛葡甲胺注射液每千克体重 2mg，一次肌内注射，每天 1 次，连续 3d。

治疗注意事项如下。

① 此病发病急，治疗要及时，一旦延误治疗效果将大大下降；

② 此病的治疗必须持续进行一个疗程，一个疗程最短为 3d；

③ 在用抗生素或磺胺及解热镇痛药进行治疗的同时，要通过输

液的方式给患病牛补充相应的能量、体液、维生素等，万不可单纯地只依靠肌内注射抗生素来治疗此病，这种治疗方法的效果很有限。

（七）预防措施

① 对发病牛立即隔离治疗，对相应的圈舍进行认真的清扫、消毒，发病期间每天圈舍消毒 1 次。

② 对未发病牛要进行一天 2 次的体温监测，凡体温升高者要立即进行隔离治疗。

③ 加强饲养管理，减少应激，保持牛群免疫水平正常。

④ 可进行紧急疫苗接种，对常发生本病的牛场应定期进行免疫接种。

⑤ 在发病季节要注意牛群密度不能过大，否则会加速本病传播，使防控效果下降。

我国现有的牛巴氏杆菌病疫苗主要是针对荚膜血清 B 型，尚无针对 A 型的疫苗，而不同血清型之间交叉免疫力差，给牛巴氏杆菌病的防控带来了极大困难，研制牛巴氏杆菌病 A 型、B 型二价苗迫在眉睫。

三、奶牛梭菌病

奶牛梭菌病是由梭状芽孢杆菌属细菌感染引起的一类急性传染病。此病可引起急性死亡，呈散发。近年来此病的发病率呈逐渐升高趋势，发病时间和临床表现呈一定的多样性。如果对此病缺乏专业性认识会给牛场造成重大经济损失。

（一）病原

目前，对奶牛梭菌病的病原及类型研究尚不及对羊梭菌病深入、细致。在羊梭菌病防治中，根据具体病原已经将此病分为羊肠毒血症、羊快疫、羊猝疽、羔羊痢疾四大疾病，奶牛梭菌病还未能达到如此水平，有待进一步研究。

在兽医临床研究上，一般认为奶牛梭菌病主要由梭状芽孢杆菌

属中的 D 型产气荚膜梭菌
（图 3-21）、腐败梭菌、C 型
产气荚膜梭菌、B 型产气荚
膜梭菌、气肿梭菌感染引起。
虽然牛、羊梭菌病在临床表
现上存在一定差异，但用羊
的三联四防疫苗来预防牛梭
菌病却能获得良好的预防效
果；由于疫苗生产厂家在疫

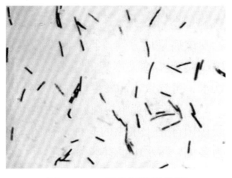

图 3-21　D 型产气魏氏梭菌

苗审批方面的进展滞后于生产，也曾存在疫苗生产厂家为牛场提供
的梭菌疫苗仍标注为羊梭菌疫苗的情况。可喜的是我国第一个牛梭
菌病疫苗已经面世。

（二）致病机理

D 型魏氏梭菌也叫产气荚膜杆菌，革兰氏阳性厌氧大杆菌，菌
体呈杆形、两端钝圆，多数菌株可形成荚膜、芽孢，可产生 α、β、
ε、τ 等 12 种外毒素，而导致患病奶牛全身性毒血症发生，进而
损害神经系统，引发休克和死亡。

腐败梭菌为革兰氏阳性厌氧大杆菌，血液涂片或脏器涂片检查
时可见单个或两三个相连的粗大杆菌，在动物体内可形成芽孢，但
不形成荚膜。此菌可产生 α 毒素、β 毒素、γ 毒素和 δ 毒素，α 毒
素是一种卵磷脂酶，具有使组织坏死、溶血和致死作用，可引起真
胃出血性炎症；β 毒素是一种脱氧核糖核酸酶，具有杀白细胞作用；
γ 毒素是一种透明质酸酶；δ 毒素是一种溶血素。

C 型产气荚膜梭菌与腐败梭菌属于同属同种细菌，但菌型不同，
产生的毒素可引起溃疡性肠炎和坏死性肠炎。

梭菌在大量繁殖过程中产生的毒素是导致患病牛出现病理变化
及死亡的主要原因，这些毒素可改变小肠黏膜的通透性，使毒素大
量进入血液导致毒血症而引起牛全身性、急性中毒死亡，这是梭菌
病牛突然死亡的重要机理。

（三）流行病学

该病呈地方性流行或散发，多发生于雨水较多的夏季。消化道感染是奶牛感染本病的主要途径，奶牛采食了被梭菌污染的饲草、饮水、可导致本病发生。另外，外伤也是感染本病的一个途径。

D型产气荚膜梭菌、腐败梭菌、C型产气荚膜梭菌、B型产气荚膜梭菌都是土壤中的一种常在菌，尤其是潮湿低凹的土壤环境中更为多见，污水中也有本菌存在。

另外，健康牛胃肠道内本身也存在有少量的梭菌。正常情况下，本菌的增殖缓慢，其中大部分被胃中的胃酸杀死，只产生少量毒素。由于胃肠的不断蠕动，不断地将肠内毒素随内容物排出体外，有效地防止了本菌及所产生的毒素在肠道内的大量蓄积，在牛的胃肠道中存在少量梭菌，如无其他诱因，并不会发病。

当奶牛从环境中食入大量梭菌时可导致本病发生，夏季泥泞、积水的圈舍环境有利于梭菌大量繁殖，这就是此病夏季多发的重要原因。

还有，奶牛免疫水平低下、饲养管理应激和奶牛的生理应激（例如，分娩或干奶等）是诱发本病的重要原因。这些诱发因素主要表现在如下几个方面。

① 突然增加较大数量精饲料可诱发梭菌病。奶牛突然食入大量精料时，由于瘤胃中的菌群一时不能适应新的瘤胃环境，可导致瘤胃中的饲料过度发酵产酸，使瘤胃中的pH值下降。此时，大量未经消化的淀粉颗粒经真胃进入了小肠，导致肠道中的D型魏氏梭菌大量迅速繁殖而诱发此病。

② 分娩应激可导致奶牛产后发生梭菌病。分娩可导致奶牛免疫力下降、消化功能及代谢紊乱，瘤胃内环境平衡失调，奶牛可因免疫力下降感染本病；也可由瘤胃内环境平衡失调导致胃肠内的少量梭菌大量繁殖而发生本病。

③ 停奶应激也可诱发本病。在环境较差的奶牛场，奶牛实施干奶后的1~3d可导致本病发生，其主要表现是乳房气肿、坏死，奶牛死亡。这说明奶牛乳腺中已经存在一定数量的梭菌感染，但由于

干奶前奶牛每天 3 次挤奶促进了乳房中的毒素和梭菌及时排出，从而使奶牛不易发病。实施干奶后，梭菌在乳房中大量繁殖、毒素大量蓄积从而导致发病，其全身中毒性病理变化首先在乳房上得以表现。

（四）临床症状

本病的病原具有一定的多元性，所以，其临床症状也呈现一定多样性。根据临床症状可以将其分为两种类型。

1. 急性型

病程短而急，一般为 1 周左右，急性类型中有些病例伴有突然死亡现象，来不及治疗，大多数急性病例在发病后 1 周内死亡，治愈率极低。

奶牛产后发生本病时，初期体温升高（39.5~41.0℃），随着病程延长体温正常或降低。患病奶牛精神萎靡，不愿站立、卧地不起，食欲废绝，痛苦呻吟，机体迅速脱水（图 3-22），患牛频繁努责，阴道黏膜发绀，从子宫内流出大量暗红色有恶臭气味并混有豆腐渣样腐败液体（图 3-23），病程 15~24h，即以死亡而告终。

图 3-22　急性梭菌病牛卧地　　图 3-23　急性梭菌病牛从子宫内流出的大量
不起、迅速脱水症状　　　　　暗红色、恶臭并混有豆腐渣样液体

病程稍缓者呈现弓背努责，站立时阴门紧缩、阴唇内陷

（图 3-24）。后期及卧地时，外阴外突（图 3-25），子宫内蓄脓。努责时可见阴道溃烂、子宫颈糜烂（图 3-26）。

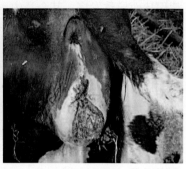

图 3-24　站立时阴门紧缩、阴唇内陷　　图 3-25　后期及卧地时，外阴外突

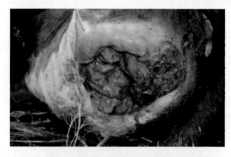

图 3-26　努责或卧地时可见阴道溃烂、
子宫颈糜烂

腿部肌肉肿胀、坏死，触诊波动感明显，穿刺或切开肿胀部位流出暗红色恶臭液体（图 3-27、图 3-28），患病牛排黑色油样粪便，大多在 1~2 周发生死亡或失去治疗价值而被淘汰。

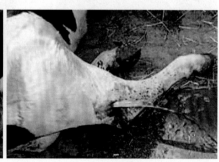

图 3-27　腿部肌肉肿胀坏死、触之　　图 3-28　穿刺或切开肿胀部位流出暗红色
有波动感　　　　　　　　　　　　　　恶臭液体

坏疽性乳房炎过程发展迅速，上一次挤奶时乳房正常，下次挤奶时乳汁变血样、恶臭，乳房内产生气体，可视黏膜潮红，乳房皮肤出现紫黑色变化，触摸有凉感（图3-29）。病牛体温37.0~38.5℃，随后死亡。

图3-29　梭菌病牛呈现的急性坏疽性乳房病理变化

以乳房坏疽症状为特征的梭菌病可发生于刚实施干奶后不久的奶牛，也可发生于分娩后不久的奶牛，也可发生于青年牛群。

2. 慢性型

病程持续时间较长，可达1个月以上，治愈率较高，以局部组织坏死或产生的外毒素引起溃疡性肠炎和坏死性肠炎为主要病理变化。

以坏死性肠炎或溃疡性肠炎为特征的发病牛表现精神沉郁，食欲下降、食欲废绝，消瘦、弓腰，体温可以升高也可以正常，后期病情恶化者会出现体温下降现象，排黑褐色、黏稠、腥臭粪便，乳房苍白、干瘪萎缩。

以局部组织感染坏死为特征的发病牛表现局部肌肉肿胀，肿胀逐渐破溃后流出黑褐色液体或脓汁，一般全身症状不明显，严重病例会出现精神沉郁。

（五）病理剖检变化

心肌柔软，心肌、心内膜有散在出血斑点；小肠出血溃烂（图3-30）、内容物呈血粥样（图3-31），真胃出血，黏膜溃烂、坏死（图3-32、图3-33）。肌肉或皮下组织坏死；乳腺组织坏死；子宫黏膜坏死、溃烂；肺脏出血瘀血，间质增宽，呈深红色外观，挤压后切面有血样泡沫状液体渗出，气管支气管内有黏液并混有血液成分。

图 3-30　小肠黏膜出血溃烂　　　图 3-31　肠内容物呈血粥样

图 3-32　真胃出血，黏膜糜烂、坏死　　图 3-33　真胃及肠黏膜出血溃烂、
　　　　　　　　　　　　　　　　　　　　　　　 肛门中流出红色恶臭液体

（六）预防措施

① 注射梭菌疫苗是预防本病的有效手段。牛场购进奶牛或牛场间调转奶牛时，要询问相应牛场是否在用梭菌疫苗进行免疫，从注射梭菌疫苗免疫的牛场引进奶牛时要给本场牛提前进行梭菌疫苗免疫注射，否则会造成重大经济损失。

② 加强饲养管理，减少应激，保持圈舍干净、干燥，消除诱发因素，让奶牛保持正常的免疫力是预防本病的一个基础性手段。

（七）治疗

① 对发病牛群用梭菌疫苗进行紧急预防接种可获得良好控制效果。目前我国已研发生产出了肉毒梭菌疫苗，对梭菌病有防控作用，保护

期为 1 年，每年注射一次即可。

②　对慢性病例来说有一定治疗价值，对急性病例来说无治疗价值。

对以坏死性肠炎或溃疡性肠炎为特征的慢性病例，在用磺胺药物及抑制或杀灭厌氧菌的药物（甲硝唑等）输液治疗的同时，结合强心、促进毒素分解排出及相应的对症治疗措施，可获得一定的治疗效果。

对以局部组织感染坏死为特征的慢性病例，以开放性外伤治疗处理为主体，同时配合全身对症治疗可获得较好的治疗效果。

四、牛支原体肺炎

奶牛支原体肺炎是由牛支原体感染所引起的一种以肺炎为主要病理变化的传染病。此病在世界范围内普遍存在。据报道，欧美国家 1/4~1/3 的牛呼吸疾病综合征由支原体引起，造成每年 1.44 亿 ~1.92 亿欧元的经济损失。美国每年由于牛支原体导致的牛呼吸系统疾病和乳腺疾病所造成损失达 1.40 亿美元，个别牛场感染率可达 70%。

我国除西藏、青海、海南省未发现牛支原体肺炎疫情外，其他各地均有该病发生的报道。此病在我国最早发生于肉牛、黄牛。近 6~8 年，奶牛支原体病发病率攀升，受到广泛重视，尤其是支原体肺炎，发病率为 50%~100%，死亡率可达 40% 以上。临床治疗效果差，目前又无疫苗，给奶牛养殖业带来了严重危害。

（一）病原

支原体是一类缺乏细胞壁、介于细菌和病毒之间的一种最小原核生物，属于柔软膜体纲、支原体目、支原体属。支原体具有多形性，可呈球菌样、丝状、螺旋形、颗粒状（图 3-34），牛支原体是奶牛支原体肺炎的主要病原。支原体是一类在自然界广泛存在，从牛身体上分离鉴定出的支原体有 30 种（例如，丝状支原体、牛鼻支原体、殊异支原体、差异支原体等）。除可引起牛肺炎外，还可引起乳腺炎、关节炎、角膜结膜炎、子宫炎（流产与不孕）、中耳炎等。

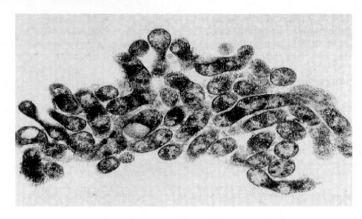

图 3-34 肺炎支原体

牛支原体在避免阳光直射条件下可存活数周，在 4℃牛乳中可存活 2 个月，在水中可存活 2 周以上。但牛支原体不耐高温，牛支原体在 65℃经 2min、70℃经 1min 即可失活，但 4~37℃范围内在液体介质中的存活力不受影响，可存活为 59~185d。牛支原体在粪便中可存活 37d。

奶牛支原体肺炎与牛传染性胸膜肺炎（牛肺疫）病理变化很相似，但两者是完全不同的两种疫病。牛传染性胸膜肺炎是由丝状支原体的丝状亚种引起的一种严重急性、烈性传染病，牛支原体与丝状支原体同属不同种。我国利用疫苗免疫及相应严格的综合性防控措施，经过 40 多年的不懈努力，1996 年宣布在全国范围内消灭了牛传染性胸膜肺炎。2011 年 5 月 24 日，世界动物卫生组织（OIE）在第 79 届年会通过决议，认可中国为无牛传染性胸膜肺炎国家，这也是我国获得的 OIE 第二个无疫认可。

（二）流行病学

牛支原体可存在于健康牛体内，形成潜伏感染，很少排菌，肺组织中很难分离到牛支原体。本病的潜伏期为 2~14d，临床发病多数出现在感染后 2 周。感染康复后的牛可携带病原体数月甚至数年，牛场一旦发生此病，要消灭此病难度较大。

牛支原体肺炎的主要传播途径是水平传播，包括健康牛与病牛直接接触或经呼吸道、生殖道等传播。胎儿可在分娩过程中因接触带有牛支原体的阴道分泌物而感染，新生犊牛还可因吸吮或饮用了患有牛支原体乳腺炎母牛的初乳而感染。成年牛感染的另一个可能途径是人工授精。牛支原体可感染任何年龄的牛，但不同年龄段的牛易感性不同，2~12月龄的牛最为易感（图3-35）。我国后备牛群发生支原体肺炎的情况较为多见。

图3-35 支原体肺炎病牛

运输应激是牛支原体肺炎的重要诱因。据报道，近期内未经过运输或混群的临床健康牛，牛支原体鼻腔分离率只有0~7%；而刚到达育肥场不久的临床健康牛，牛支原体鼻腔分离率可升到40%~60%；到达育肥场12d后的牛支原体感染率增至近100%。此外，饲养方式、环境条件改变等应激因素也是牛支原体肺炎的诱发因素。该病多在经长途运输后2周左右发病，与运输应激密切相关，其发病率达到21%，死淘率高达40%以上。

（三）致病机理

牛支原体表面具有免疫原性的可变表面脂蛋白（VSP）被认为参与致病作用。VSP的变化可以看作是为了适应周围环境变化的一种行为，也可能是牛支原体具有缓慢感染宿主能力的一个原因。牛支原体美国株PG45具有13个编码VSP蛋白的基因，而13个基因构成了一个基因簇。当牛支原体表达VSP蛋白时，任意几个编码VSP蛋白的基因可以一起共同表达，使位于牛支原体表面的VSP蛋白发生改变。另外，每个编码VSP蛋白的基因可以自身发生突变，这导致牛支原体可以轻易地逃避宿主免疫系统监控。

牛支原体可以黏附到正常牛的呼吸道黏膜表面，在应激条件下，寄生于上呼吸道的病原经气管、支气管停滞于细支气管终末分支的黏膜上，引起原发性病灶。如果散布在多数支气管黏膜时，可引起肺部多处出现原发性病灶。

牛支原体感染可对机体免疫系统造成极大的破坏，牛支原体可以侵入宿主的免疫细胞来逃避宿主的免疫反应；牛支原体也可以引起宿主的外周血液淋巴细胞凋亡；牛支原体也可通过分泌抑制炎症的细胞因子（如IL-10）和抑制促炎因子的表达来抑制免疫反应。

另外，牛支原体感染也可进一步促进继发混合感染，使其他条件性致病菌（例如，多杀性巴氏杆菌A型、溶血曼氏杆菌、呼吸道合胞体病毒等）乘机大量增殖，导致病情加重。

（四）临床症状

按病程可分为急性和慢性两种类型。

急性型：患病牛食欲严重下降，体温升高（40~41.3℃），消瘦，精神沉郁、不愿走动（图3-36），多数死亡病例发生于患病后2~3周。患病牛干咳，咳嗽时表现痛苦，鼻孔有浓性鼻涕，呼吸快而浅，肺部听诊可以发现有明显的湿啰音、肺泡破裂音、呼吸音变粗，胸部触诊敏感，胸、颈部水肿（图3-37、图3-38）。

图3-36　支原体肺炎病牛消瘦、精神沉郁、不愿走动等外观表现

图 3-37　支原体肺炎牛下颌水肿　图 3-38　支原体肺炎牛下颌及颈下水肿

慢性型：由急性转化而来，以咳嗽、消瘦、体弱为主要临床表现，可逐渐恢复，也可反复，随着肺部病理变化的进一步加重，逐渐衰弱而预后不良。慢性和急性有相同的病理变化，只是程度有所差异。

牛支原体是牛呼吸疾病综合征的主要病因之一，除引起奶牛肺炎症状外，还可引起病牛角膜、结膜炎（图 3-39、图 3-40），中耳炎，关节炎（关节肿大），生殖道炎症，乳房炎，并表现出相应的临床表现。这些症状在患支原体肺炎的牛群中，也有一定数量表现。

图 3-39　支原体感染牛的角膜结膜炎症状　图 3-40　支原体感染牛角膜结膜炎引起的流泪症状

中耳炎主要表现为病牛耳朵下垂、摇晃脑袋和摩擦耳朵；当单侧或两侧鼓膜感染时，会从耳道中流出脓汁。临床上常见头部倾斜，这严重影响病牛的生长发育，严重时还可造成共济失调。关节炎主要表现为跛行、关节脓肿等症状，关节腔内积有大量液体，滑膜组织增生，关节周围软组织内出现不同程度的干酪样坏死物。角膜结膜炎主要表现为眼结膜潮红，有大量浆液性或脓性分泌物，角膜混浊等。

（五）病理解剖

牛支原体肺炎的主要病理变化特点为：肺及胸膜纤维素性炎症、化脓性肺炎、坏死性肺炎（烂肺及粘连）。

奶牛支原体肺炎的典型病理变化表现在肺部及胸腔器官。肺呈现大面积纤维素性肺炎病理变化（图3-41），肺实质大理石样病理变化明显，表面有纤维素性分泌物黏附，并散在许多黄豆大小的白色化脓灶。切开肺组织可见肺组织中也有同样的化脓灶，并流出相应脓汁（图3-42）。肺大小基本正常，病变部位呈暗红色肉变，质地变硬、弹性丧失，肝样肉变明显（图3-43）。胸腔中积液不多，但积液混浊、含有纤维絮片，胸膜变厚、表面粗糙，与肺表面粘连（图3-44）。心包膜变厚，与肺粘连。肺门淋巴结肿大不明显。

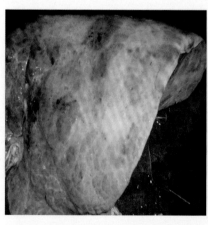 

图3-41　奶牛支原体肺炎呈现的纤维素性肺炎病理变化　　图3-42　肺切面从支气管中流出脓汁

3-43　支原体肺炎的肺肝样肉变　　图 3-44　肺表面粗糙与胸膜粘连病理变化

（六）诊断

根据临床症状、流行病学特点和病理变化特点，可做出临床诊断。进一步的确诊可采取肺组织或胸腔渗出液接种于马丁琼脂中，37℃培养至 5d 后长出相应菌落，染色观察。也可以用牛支原体基因检测方法（PCR）诊断，还可用胶体金快速诊断方法进行确诊。

（七）预防措施

1. 疫苗预防

研究证明，牛支原体疫苗（灭活苗）可以刺激机体产生可检测的抗体反应，包括 IgM、IgG_1、IgG_2、和 IgA 等，在肺泡中也可产生 IgA。国外目前市场上有两种商业化的牛支原体灭活苗，均为美国农业部门许可的兽用疫苗，用于牛支原体肺炎的防治。该疫苗仅限于美国市场，且应用推广范围不大，对于牛支原体病的预防效果不明显。有科研人员利用临床分离的牛支原体膜蛋白来免疫牛，可以诱导牛产生较高的免疫应答，但不能保护强毒株的人工感染。

在其中的一个研究中，抗体水平可以在免疫后 16d 检测到，并可持续约 6 个月。尽管牛只经运输到饲养场后抗体水平高，但还有不少牛死于牛支原体肺炎，这说明血清中抗体滴度水平和保护力并没有直接关系。虽然牛支原体疫苗在一些人工感染试验中表现出一定的预防作用，但其临床应用价值仍有待评价。

2.综合预防措施

① 有研究资料报道，经过长途运输的牛到达目的地时，约有50%的牛鼻腔分泌物支原体检测呈阳性。由此可见，长途运输过程中导致牛感冒、呼吸系统免疫力下降是诱发本病的重要原因，在运输过程中要采取各种措施减少应激，运输车辆要用棚布做好防风、挡风工作，减少由于大风直吹导致牛着凉感冒和呼吸系统免疫力下降。

② 由于犊牛免疫力较差，对环境应激的适应能力较差，经过长途运输的犊牛新入场后要加强饲养管理，采取相应的措施尽快让其恢复体力，适应环境，这样可以有效地减少一些条件性致病菌或常在性致病菌对犊牛的不良影响。犊牛到场下车后，可及时给牛饮用一定量的多维葡萄糖温水，补充在运输过程中的能量及水分散失，促进自身免疫力提高，多维葡萄糖温水连续饮用 3d。牛到场后，要在运动场上铺短玉米秸或稻草等（尤其是冬天或气温较低季节），为牛提供一个良好的躺卧休息场地，促进体力迅速恢复，并减少饲养密度。

③ 对存在牛支原体发病风险牛群，应对新入场的未发病牛，每天肌内注射氧氟沙星或泰乐菌素各 1 次进行药物预防注射，连续3d。

④ 奶牛相对于黄牛或肉牛而言，对牛支原体更为敏感，如果黄牛或肉牛奶牛混养，或者对难以配种受孕的奶牛群用公黄牛或公肉牛进行自然交配配种，那将显著提高奶牛发生支原体肺炎的风险。

在存在本病的牛场开展检测、净化工作，是防控本病的一个具有远见的措施。

（八）治疗

此病要充分重视早期治疗，一旦肺组织形成化脓性感染，其治愈率将显著降低。另外，牛支原体肺炎的疗程显著长于一般疾病的治疗疗程，大环类酯类抗生素对早期治疗相应效果较好。

① 对牛群中的发病牛要及时观察、及时隔离治疗；对无治疗意义的病牛要及时淘汰。

② 治疗主要选用肌内注射泰乐菌素 + 氧氟沙星 + 维生素 A、D、E 注射液；或泰乐菌素 + 土霉素注射液 + 维生素 A、D、E 注射液进行治疗；维生素 A、D、E 每头牛注射 2~3 次即可。

由于牛患此病后存在体温升高及较为剧烈的疼痛，在治疗过程中应该及时配合使用氟尼辛葡甲胺等非甾体类解热、镇痛药物进行治疗。另外，也要重视及时准确地对症治疗。

五、奶牛冬痢

奶牛冬痢也叫奶牛黑痢、血痢，是奶牛的一种季节性、暴发性很强的急性肠道传染病，本病在世界范围内流行，以排棕色稀便和出血性下痢为特征。临床以传播速度快、发病率高、严重腹泻和产奶量下降，死亡率低为特征。

（一）病原

此病的具体病原和发病机理尚不清楚，一般认为空肠弯曲杆菌是引发本病的病原菌，空肠弯曲杆菌共有 56 个血清型（图 3-45）。另外，冠状病毒、轮状病毒也可引起本病发生。这三种病原都不耐热，但在低温条件下可以很好地生存。

图 3-45　空肠弯曲杆菌

（二）流行病学

奶牛冬痢多发生于冬天（10 月至翌年 4 月），最冷的时候或气温骤变的时期发病最多、最为严重。主要的传播途径是通过消化道传播，即通过被发病牛粪尿、唾液污染的饲料、饮水传播。另外，也可以通过兽医和被污染的挤奶机等传播。

奶牛冬痢常突然发病，呈地方性暴发。一旦发病，2~3 d内就可导致牛群 50% 以上的奶牛感染发病。

2~6 岁的奶牛发病率高，育成牛次之，犊牛很少感染发病。

此病死亡率很低，只有少数脱水严重或继发感染的奶牛会因此病发生死亡。

奶牛病愈后可获得 2~3 年的免疫力，在此期间不会发病，在此时间之后还会突然暴发此病。

（三）病因

① 直接接触感染空肠弯曲杆菌等病原微生物。

② 天气寒冷、气温骤变导致胃肠道功能紊乱，免疫力下降。

③ 严寒气候条件下，饲料配比不当，饲草、饲料突然改变，导致胃肠道功能紊乱及免疫力下降。

④ 严寒季节饲喂冰冻、发霉饲料（尤其是青贮、豆腐渣、啤酒糟等），导致胃肠道功能紊乱，免疫力下降。

⑤ 严寒气候给奶牛喝冷水、冰碴水导致胃肠道功能紊乱，免疫力下降。

⑥ 严寒情况下防寒、保温措施不到位。

（四）症状

发病前的 24~48h，病牛体温稍高（39.4~40.5 ℃）。发病后一般病例呼吸、体温、心跳、瘤胃蠕动、精神状态、食欲基本正常。发病牛呈严重的腹泻症状，喷射状、排出腥臭水样粪便，粪便内含有气泡，粪便呈棕色及鲜红色血液或血凝块（图 3-46 至图 3-48），

图 3-46 冬痢牛排出的棕红色腹泻粪便

产奶量下降。

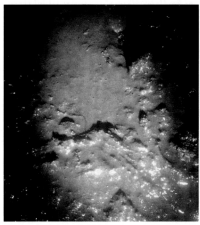

图 3-47　冬痢牛排出的棕红色带血液　图 3-48　冬痢牛排出的带血液及血凝块
　　　　　的腹泻粪便　　　　　　　　　　　　　的腹泻粪便

　　病情稍重者粪便中有血液、血块、血片，食欲下降或不食，精
神萎靡，目光发呆，呼吸、心跳加快，眼窝深陷，产奶量急剧下降，
甚至站立不起，若继发感染则会死亡。

　　在患病期内，严重病例一般占发病牛群的 5%~10%。

　　根据患病程度不同，奶牛的产奶量下降幅度为 10%~90%。

　　病程一般 1~2 周，病程结束后即可康复，病牛产奶性能大多可
恢复到正常水平。

　　（五）病理剖检变化

　　小肠病变严重，肠壁大量瘀血，肠壁变薄；直肠黏膜增厚，肠
壁上有溃疡或白色病灶，内容物呈褐色、恶臭，肠系膜淋巴结肿大。

　　（六）诊断

　　依据该病的流行病学特点和临床症状，结合病理解剖可做出临
床诊断。确诊需要进行病原鉴定。

（七）治疗

① 口服穿心莲片（50片）、喂服氧化镁粉50g，也可以肌内注射穿心莲注射液或其他纯中药制剂注射液进行治疗。

② 个别重病例需肌内注射痢菌净注射液或氟苯尼考等抗生素及止血敏、维生素C进行治疗。

③ 严重病例要用复方生理盐水、糖盐水、碳酸氢钠进行静脉输液，维生素C等进行补液及对症治疗。

（八）预防措施

1.冬季要做好防寒、保暖工作

为了减少牛舍散热能力，提高牛舍保温性能，可以将牛舍或挤奶厅迎风面的窗户用塑料膜、活动卷帘、砖头等进行封堵。

牛舍或挤奶厅两边的大门应该适时关闭。对于完全开放式饲喂单元，可在迎风面设置塑料布、帆布、彩条布等材料遮挡寒风（图3-49），减少饲喂单元的局部风速。在运动场的上风方位，可用农作物秸秆、建筑材料等搭建临时挡风墙。

图3-49　使用临时门帘进行牛舍挡风保暖

奶牛躺卧的地方或卧床上要铺放垫料，垫料要保持干燥并及时更换（图 3-50），给奶牛提供一个相对舒服的、保暖的躺卧休息环境。

图 3-50　冬季奶牛休息区域铺垫的麦秸

在运动场的一定区域也可铺垫一定厚度的麦草、稻草、粉碎的玉米秸秆等垫料，可防止牛卧下时乳房与冰冷地面的直接接触，对减少冬季乳房炎发生可起到很好的效果。

2.杜绝下述诱因

① 杜绝奶牛直接接触空肠弯曲杆菌等冬痢病原微生物。

② 严寒气候下饲料配比要科学、满足奶牛营养需要，不能突然改变饲草饲料，导致胃肠道功能紊乱问题发生。

③ 严寒气候不饲喂冰冻、发霉饲料（尤其是青贮、豆腐渣、啤酒糟等）。

④ 严寒气候不给奶牛喝冰碴水、冷水。

六、奶牛副结核

牛副结核病又叫副结核性肠炎，是由副结核杆菌引起的一种慢性接触性传染病，其病程慢长，尚无有效的治疗方法，死淘率为100%。此病以持续性腹泻、渐进性消瘦、生产性能严重下降、死亡为特征，此病是一种不治之症，死亡率为100%。

1953 年，在我国首次发现该病，目前该病已存在于我国许多省，已成为严重影响奶牛健康的一个重要疾病，甚至攸关少数奶牛场未来的存在、发展。

20 世纪 80 年代末，我国大型国有奶牛场已经利用提纯副结核菌素开始了本病的检疫和净化工作，在此病的防控方面获得良好的效果。此病一年两次的阳性检出率为 0.5% 左右，牛场已经很难看到有临床症状表现的病牛。90 年代末期以后，由于我国面对布鲁氏杆菌病、口蹄疫的防控压力变大；另外，由于本病是一个慢性传染病、病程较长，以散发或零星发病为主体，许多奶牛场因此放松了对本病的防疫、检疫，中断了本病的净化工作。

20 年的松懈与不重视导致本病成了目前许多牛场必须高度重视的一个问题。一些牛场阳性率 6%~17%，牛群中有临床表现的发病牛也显著增多，此病已成为牛场七大重点防控的传染病之一（炭疽、口蹄疫、布鲁氏杆菌病、结核病、副结核病、传染性鼻气管炎、病毒性腹泻）。目前，已经到了必须高度重视本病防控与净化的地步。牛场必须将此病例入牛场的重点疫病防控目录之内。

（一）病原

副结核分枝杆菌是本病的病原菌，该菌有 3 个类型的菌株，分别为牛型副结核菌株、羊型副结核菌株、色素型副结核菌株。在自然条件下引起本病的菌株为牛型副结核菌株。本病对热和消毒药的抵抗力较强，在粪便、土壤中可存活 1 年，阳光直射下可存活 10 个月，对湿热抵抗力弱。在 5% 来苏尔溶液、4% 福尔马林溶液中 10min 可将其灭活，10%~20% 漂白粉 20min、5% 氢氧化钠溶液中 2h 可杀死该菌。

（二）流行病学

本病的感染情况与奶牛年龄关系密切，犊牛易感，尤其是哺乳期犊牛（1~2 月龄）最为易感，犊牛感染本病后多数为带菌状态，经过很长的潜伏期，一般在 3~5 岁时表现出临床症状。随着年龄增大，奶牛易感性降低，本病的流行与发生无季节性差别，呈散发。

发病牛和带菌牛是主要的传染源，病原可随发病牛和带菌牛的乳汁、粪尿排出。本病主要通过消化系统传播感染，由于该菌具有较强的抵抗力，可以在外界环境中较长时间存在，被病原污染的饲料、饲草、饮水、用具是重要的传播媒介。另外，怀孕母牛可经胎盘将此病传染给犊牛。据报道，经胎盘感染的发病率可达44.5%~84.6%。

（三）发病机理

副结核病牛的病理变化主要表现在肠黏膜上，以弥漫性肉芽肿为特征。病灶内聚集大量抗酸杆菌（副结核分枝杆菌），引起肠道发生慢性增生性炎症反应，导致肠机能紊乱，血浆蛋白通过肠壁流出增加、肠黏膜对氨基酸的吸收发生障碍，呈现低蛋白血症。由于大量蛋白质消化吸收障碍导致病牛持续性消瘦，由于肠机能紊乱病牛表现持续性腹泻。

血浆蛋白通过肠壁流入肠道增加，肠黏膜对氨基酸的吸收发生障碍，大量营养物质经肠道不能吸收，也是副结核病牛腹泻粪便呈匀质、似玉米面粥样的原因。

临床血液学化验分析可见，病牛红细胞、血色素、血细胞比容下降。

（四）临床症状

由于该病潜伏期很长，奶牛的怀孕、分娩、泌乳、饲养变化等都会成为促进本病发生的诱因。例如，奶牛在产犊（特别是第2胎）后数周内出现副结核病临床症状。

此病为典型的慢性传染病，发病初期临床症状不明显；随病程延长，症状逐渐明显。

初期一般体温、采食、精神状态、体膘无明显异常，仅表现临床症状排稀便，稀便与正常排粪交替出现，继而表现为持续性腹泻，产奶减少。针对消化不良采用药物治疗后，腹泻症状会好转或变为正常，但经过一段时间后会复发，针对腹泻用药治疗的效果会越来越差，最后将毫无效果。

随着病程进一步持续，食欲下降或不食，病牛精神状态变差，消瘦，被毛无光粗乱，可视黏膜苍白，贫血，不愿走动，下颌水肿（图3-51），停止泌乳，体温常无明显变化。腹泻进一步加重、呈喷射状（图3-52），腹泻物呈均匀的玉米面粥样（图3-53），粪便稀并含有气泡（图3-54），全身无力，卧地不起，一般经3~6个月的严重腹泻衰竭而死，或被淘汰。

图3-51　副结核牛下颌水肿　　　图3-52　副结核病牛的喷射状腹泻

图3-53　副结核病牛排出的匀质、似玉　　图3-54　副结核病牛排出的含气泡腹
　　　　米面粥样粪便　　　　　　　　　　　　泻物（冬季粪便结冻状态下拍摄）

（五）病理剖检

病牛在发病后期极度消瘦，营养不良，主要病变表现在肠及肠系膜淋巴结，外观表现为肠管变肥厚、肠系膜淋巴结肿大。

在空肠、回肠、结肠前段浆膜和肠系膜显著水肿，以回肠的变化最为突出，肠黏膜增厚，增厚程度为正常的 3~20 倍。肠黏膜形成明显的横向脑回状皱褶（图 3-55），黏膜呈黄色或灰黄色，皱褶突起处常呈充血状，其表面附有黏稠混浊的黏液；有时从外面观察肠壁无异常，切开后可见肠壁明显增厚，浆膜下淋巴管肿大呈索状。盲肠也有类似病理变化，回盲瓣充血、出血，瓣口紧缩。严重病例真胃到肛门的消化道都有类似的病理变化。肠系膜淋巴结肿大 2~3 倍，呈串珠状，切面湿润、充血、出血。

图 3-55　肠黏膜过度增生形成的黏膜皱褶样变化

（六）诊断

此病在中后期有明显的特异性临床症状，如持续性腹泻、严重消瘦，解剖也有明显的特异性病理变化，如肠管增生变肥厚、肠系膜淋巴结肿大等，一般容易做出初步诊断，确诊则要依靠化验室手段。

① 取患病动物粪便（可从直肠深部刮取少量粪便），加 3~4 倍生理盐水稀释、过滤后 5 000r/min 离心，将其沉渣涂片，用齐尼抗酸染色法染色、镜检，如观察到成堆或成丛排列的抗酸性着色小杆菌，则可诊断为本病。

② 副结核皮内变态反应是临床用于检疫本病的一种简单、实用的方法，此方法以皮内注射提纯副结核菌素所引起的变态反应为

原理，以前我国奶牛群的副结核检疫就用的此方法，其检出率可达94%，可用于无临床症状牛的诊断。提纯副结核菌素每次皮内注射量为0.2mL，其操作方法和判定标准与牛结核病的检疫方法完全相同，可以在奶牛场每年的结核病检疫时一同进行。

③ 血清学常用的检测方法有补体结合反应、琼脂扩散试验、酶联免疫吸附试验等方法。

（七）防控与净化

由于本病潜伏期长，病程发展缓慢，死亡率高，又无有效的治疗办法。所以，做好防控、净化工作应该是本病的防控重点，切不可轻视此病对奶牛场的长远危害，本病尚无有效的治疗办法和药物。

① 首先要做好牛场引进奶牛时的检疫工作，防止从疫区引进带菌奶牛。建议牛场将副结核病纳入每年的春秋检疫工作之列，对阳性者一律做淘汰处理，防止感染情况扩大、蔓延。

② 对于有临床表现的副结核病牛要立即、果断淘汰处理，以免导致牛群阳性头数不断累积、增多，而不可收拾。

净化措施

对于那些对副结核感染情况不清楚的牛场，应该采用相应的检测手段，掌握牛群感染情况，根据情况采取相应的净化措施。

（1）从犊牛阶段培育无副结核病牛群

① 犊牛出生后立即隔离饲养，不给犊牛饲喂带菌或发病牛的初乳、常乳，在哺乳期对初乳和常乳进行巴氏消毒后再喂犊牛，巴氏消毒方法一般为60℃、30min。

② 犊牛期内进行2次副结核检疫或检测，阳性者立即从犊牛群移出、淘汰，2次检测全阴性者，视为健康犊牛，放入健康犊群饲养。以后坚持每年2次的例行检疫，做好健康后备牛的无疫维护工作。

③ 犊牛饲养区严格与病牛或副结核可疑牛群隔离，阻断成母牛、青年牛、育成牛群对犊牛的感染途径，做好犊牛区的防疫、消毒工作。

（2）患病牛群净化

对存在副结核感染的后备牛群及成乳牛群，应该积极开展副结核病净化工作。

在淘汰有临床症状副结核病牛，淘汰或隔离没有临床症状但检测为阳性牛的基础上，每年进行 4 次（1 次 /3 月）变态反应或酶联免疫吸附或其他方法检疫、检测。连续 3 次检疫，牛群中无阳性反应时，视为无副结核病牛群。然后，利用皮内注射提纯副结核菌素的变态反应方法或酶联免疫吸附试验进行每年 2 次的例行检疫，做好牛群的无疫维持工作。

七、牛传染性鼻气管炎

牛传染性鼻气管炎（IBR）是由牛 I 型疱疹病毒引起的一种急性、热性、接触性传染病，又称"红鼻病""坏死性鼻炎"、牛传染性脓疱性外阴阴道炎，是牛呼吸道疾病综合征（BRDC）之一。我国将其列为二类疫病，以高热、呼吸困难、鼻炎、鼻窦炎和上呼吸道炎症为特征。

1950 年在美国最先发生，现已经在世界范围内流行。于 20 世纪 80 年代传入我国。2012 年对北京、天津等 8 个省 11 个奶牛场进行的流行病学调查表明，群抗体阳性率 77.8%，个体抗体阳性率为 0~55%。目前，此病已经成为严重影响奶牛养殖效益的疾病之一。

（一）病原

该病毒属于牛疱疹病毒 I 型属、疱疹病毒科的单纯疱疹病毒（BHV-1）。目前世界各地的 IBRV 分离株有数十个，但 IBRV 只有一个血清型，按照限制性内切酶分析可分为 BHV-1.1、BHV-1.2、BHV-1.3 三个亚型，各型之间存在交叉免疫性。

该病毒是疱疹病毒中抵抗力较强的一种，在 pH 值 7.2 的细胞液中最稳定，56℃作用 21min 即可使其灭活；22℃条件下可保存 5d，4℃以下稳定，可保存 30d；-70℃保存可存活多年。IBRV 感染牛后可潜伏在三叉神经节或荐神经节细胞中，使病牛长期携带病毒，并在一定条件下潜伏病毒可被激活（如运输应激因素导致免疫力下降），通过呼吸道排毒，导致大范围感染。此外，IBRV 还可引起免疫抑制，继发其他呼吸道病原感染，导致牛呼吸道疾病综合征。

（二）流行病学

迄今为止，世界各大洲都有发生牛传染性鼻气管炎的报道，各国都有不同程度的感染或流行，国内也有本病的相关报道，也成了牛场疫病防控的一个重点疫病。

自然感染宿主主要是牛，尤其是肉牛感染最为常见，其次是奶牛。各品种及各年龄的牛均易感。犊牛最易感的阶段为20~60日龄。

病牛和带毒牛为主要传染原，病毒存在于牛的鼻腔、气管、眼睛及流产胎儿和胎盘等组织内。牛感染后可不定期排毒，通过空气、媒介物与牛接触而传播，也可通过胎盘感染胎儿导致流产和死亡，隐性带毒牛危害最大，当环境或机体因素改变时，潜伏于机体中的病毒可激活，向外排毒。

本病在秋冬寒冷季节容易流行，呼吸型IBR发病率较高，死亡率较低，继发病毒性腹泻或巴氏杆菌时死亡率高。

传染性鼻气管炎牛，在临床症状消失后仍可不定期排毒，特别是隐性经过的种公牛危害更大。病毒在牛群中难以根除，病牛有持久的潜伏期和长时间的间歇性排毒，带毒牛往往因应激反应而排毒。

（三）临床症状

由于BHV-1可对呼吸系统、生殖系统、神经系统、眼结膜等组织器官造成侵害，所以感染发病后的症状呈现多样性，临床差异较大。轻者无临床症状或仅表现轻微临床症状，重者可引起鼻气管炎症状。根据临床表现可分为以下五种类型。

1. 呼吸道型

呼吸道感染是最常见的症状，多发于冬季，病情轻重不一。牛病初发热40~42℃，精神沉郁、厌食、呼吸急促、困难，并伴随鼻腔和气管黏液性或脓性分泌物流出（图3-56、图3-57），鼻孔张开，偶尔局部气道阻塞导致张口呼吸。鼻甲骨和鼻镜充血变红，又称"红鼻子病"（图3-58）。在鼻镜、鼻腔、咽、喉、气管和较大的支气管

均呈卡他性炎症变化。黏膜高度充血、潮红、肿胀、有出血斑，出血点和散在的灰黄色小豆粒大脓疱，溃破后形成糜烂（图3-59）和溃疡，也可伴有腹泻或结膜炎症状。

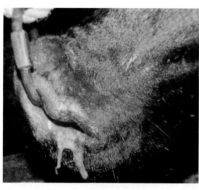

图 3-56　从气管和鼻腔中流出的黏液　　图 3-57　从气管和鼻腔中流出的脓性
　　　　　性分泌物　　　　　　　　　　　　　　　分泌物

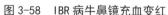
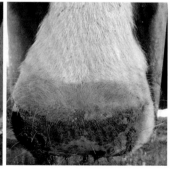

图 3-58　IBR 病牛鼻镜充血变红　　　　图 3-59　IBR 病牛鼻镜溃烂、坏死

2. 生殖道型

　　传染性脓疱性外阴阴道炎病例，阴道黏膜充血、出血、溃疡（图3-60），会阴部水肿，有黏液性分泌物，阴唇和阴道黏膜，特别是阴道前庭黏膜潮红、肿胀、散在大头针帽到小米粒大灰白色透明水疱，以后变成脓疱（图3-61）。脓疱破裂后形成糜烂和溃疡，黏

膜表面附着大量黏液样渗出物，重者黏膜表面形成弥漫性干酪样假膜，在阴道和子宫黏膜上可见点状、条纹状出血，附着大量黏脓性无臭分泌物，局部淋巴结肿胀。

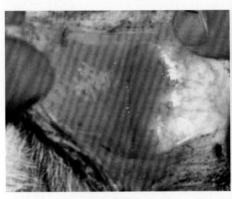 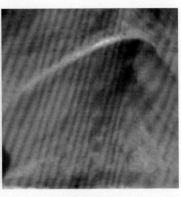

图 3-60　阴道黏膜充血、出血、溃疡　　图 3-61　阴道黏膜出现散在小脓疱

3. 流产型

妊娠母牛感染 BHV-1 时，病毒可通过胎盘感染胎儿，胎儿感染多呈急性经过，可发生于母牛妊娠的任何时期，常多见于 4~8 月龄。多数流产发生于母牛感染 BHV-1 后的第 20~50 d，患病母牛常无先兆表现，流产后一般不出现胎衣不下，流产胎儿多已经发生自溶。IBR 引起的流产常见于呼吸道型而非流产型。

4. 脑膜炎型

主要发生于 3~6 月龄的犊牛，6 月龄以上少见，呈现脑膜炎病理变化。病牛表现共济失调，口吐白沫，兴奋和沉郁交替出现，乱撞、转圈、四肢划动，站立不起，视力障碍，抬头望天。病程多为一周，多以死亡告终（图 3-62、图 3-63）。

5. 结膜炎型

多由病毒沿鼻内管上行扩散感染所致，初期眼睑浮肿，结膜高度充血，流泪，后期变为脓性分泌物，角膜混浊，结膜坏死呈颗粒样变化。病牛一般无明显的全身性反应。

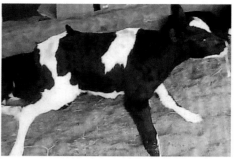

图 3-62　IBR 病牛的异常神经症状　　图 3-63　IBR 牛的共济失调姿势

（四）病理变化

牛感染后 BHV-1 后，临床症状不同，所呈现的病理变化也有所不同。剖检变化主要表现为呼吸道黏膜上覆盖灰色恶臭、脓性分泌物，有的病例可见化脓性肺炎、脾脏脓肿，肾脏包膜下有散在性坏死灶、肝脏可见坏死灶，脑膜炎、鼻和口腔黏膜溃疡、出血性肠炎。气管和支气管黏膜呈红色，可见充血、出血、瘀血，真胃和小肠黏膜脱落。

（五）诊断

根据该病的流行病学、临床症状和病理剖检等特点可进行初步的诊断。在新疫区要确诊本病必须进行病毒分离鉴定或抗原检测。

诊断注意事项如下。

① 笔者于 2013 年，对 140 头疑似犊牛传染性鼻气管炎的血清作 IBR 抗体检测，其结果为阳性 137 头，阴性 3 头。同时，对 140 头犊牛中具有代表性的 36 头病牛鼻腔分泌物进行了病原（IBRV）检测，结果均为阴性。在我国的奶牛群中，血清 IBR 抗体阳性已经达到一个很高的水平（20%~90%），但抗体阳性者并不代表该牛体内就存在 IBRV，血清 IBR 抗体阳性并不等于该牛就发生了 IBR，确诊是否是传染性鼻气管炎应该以病原检查作为最终依据。

② IBRV 侵入上呼吸道黏膜，可使鼻甲骨和鼻镜充血、变红、发炎，甚至鼻镜上出现溃烂灶或溃烂斑，所以又名"红鼻子病"。

在寒冷的冬天，由于犊牛易患呼吸系统疾病（例如，犊牛感冒等）及一些消化系统疾病。当发生上述疾病时，犊牛会出现发烧或脱水症状，在发烧或脱水的情况下犊牛鼻镜干燥、干裂，犊牛不断用舌头舔鼻镜、鼻孔，就容易导致犊牛鼻镜、鼻孔黏膜充血变红，犊牛鼻镜、鼻孔黏膜上也可出现溃烂灶或溃烂斑，这很容易让兽医将此症状与 IBR 的相应临床症状相混淆。

③ 在 IBR 的诊断上，其病理解剖对该病与其他疾病的区别诊断具有重要意义，肺部病理变化和气管黏膜的出血、溃疡等特征病理变化是诊断本病的重要临床指标，兽医临床诊断本病时应该充分参考，最后综合临床表现、病理变化、实验室病检监测等才可做出准确的诊断结果。

（六）防控措施

① 潜伏感染和长期排毒成为消灭和根除本病的主要问题。预防本病应在加强饲养管理的基础上，加强冷冻精液检疫、管理和奶牛引进制度。

② 在生产过程中，应定期对牛群进行血清学抗原检测，发现阳性感染牛应及时淘汰。

③ 疫区或受威胁牛群对未被感染牛可用灭活疫苗免疫接种。

八、牛病毒性腹泻/黏膜病

牛病毒性腹泻又叫黏膜病。本病是由病毒性腹泻－黏膜病病毒（BVD/MD）引起的一种急性、热性、接触感染性传染病，可造成感染牛严重的消化系统、生殖系统、呼吸系统损害及免疫抑制。本病的临床特征是体温升高、腹泻、口腔黏膜糜烂、流产及胎儿发育异常。

本病由 Olafson 和 Fox 于 1964 年首先在美国的奶牛中发现，并于 1957 年分离得到病毒。1953 年 Ramsey 和 Chiver 对以严重的消化道糜烂和溃疡为特征性病理变化的病例进行了研究观察，并命名为黏膜病（MD）。随后的研究表明，牛病毒性腹泻和黏膜病由同一种病毒引起，1971年美国兽医协会将这两种疾病统一命名为牛病毒性腹泻／黏膜病。

（一）病原

BVDV属于黄病毒科、瘟病毒属，在pH值5.7~9.3时保持稳定。低温不影响病毒毒力，温度高于40℃时会降低病毒感染力。BVDV只有一种血清型，但研究表明，BVDV各毒株之间存在抗原的多样性。通过对基因组序列测定和比较分析，将BVDV分为二种基因型，即BVDV-1型和BVDV-2型。这两类病毒在抗原变异、毒力上存在较大差异。BVDV-2型与严重的急性BVDV感染有关，BVDV-1型弱毒疫苗能诱导产生针对2型毒株的抗体，但抗体滴度很低。

目前，进一步的研究将BVDV-1型、BVDV-2型分为若干亚型，BVDV-1型分为1a、1b、1m、1o、1p等11种，不同亚型可能对不同组织器官的侵嗜性不同，例如BVDV-1a型毒株可能在动物妊娠后期胎盘感染中起主导作用，BVDV-1b毒株可能在呼吸道疾病中占主导地位。BVDV-2型毒株可分为4个亚型。

根据BVDV细胞培养时是否产生细胞病变，将BVDV分为致细胞病变型（CP）和非细胞病变型（NCP）。致细胞病变的病毒在动物体内并非都是具有高致病力的病毒，而非致细胞病变型的毒力一般都很强。研究表明，NCP型BVDV才能导致持续感染牛（PI）产生，但CP型毒株也可以通过胎盘屏障感染胎儿。因为CP型毒株不会引起持续感染牛（PI）产生（图3-64），目前在使用CP型BVDV毒株生产疫苗。有研究表明，感染一种BVDV生物型的动物，通过野毒感染或疫苗接种接触到另一种BVDV型时，可导致突然发病、造成死亡。

图3-64　发育迟缓的PI犊牛

（二）流行病学

牛病毒性腹泻/黏膜病广泛存在于欧美等许多养殖业发达的国家。目前，本病在我国的发生、流行呈上升趋势，已成为影响我国奶牛业发展的一个重要疾病。BVD/MD 的临床特征是体温升高、腹泻、口腔黏膜糜烂、流产及胎儿发育异常为主要症状。BVD 具有高度传染性，其症状较轻，发病率高、死亡率低；而 MD 传染性不高，以偶发或慢性持续感染深化而来，发病率低、发病急、死亡率高。

BVDV 可感染多种偶蹄动物，如牛、水牛、黄牛、牦牛、山羊、绵羊、猪、鹿等，野生动物也可感染。各年龄段的牛都可感染，其中 6~18 月龄的牛最为易感，全年均可发生，无明显季节性，感染后症状不明显，大多呈亚临床症状或只有轻微临床症状。

主要通过垂直和水平两个途径传播。水平传播往往为急性、一过性感染。传染源是患病动物或持续性感染动物的口鼻分泌物与排泄物中的病原。妊娠 30~150d 胎儿免疫系统还不完善，此时母牛感染 BVDV，病毒可通过胎盘感染胎儿，胎儿将病毒视为自身物质，从而产生免疫耐受，出生后即成为 PI 牛。PI 牛终生带毒、排毒，将成为牛群的重要传染源。另外，PI 母牛怀孕生下的犊牛也是 PI 牛。PI 牛死亡率高，存活时间短，生长发育迟缓，往往在 2 岁前被主动或被动淘汰。还有 10% 的 PI 牛生长发育及生产性能无异常表现。所以，在牛场防控 BVD 过程中，及时检测、净化 PI 牛，是防控 BVD 的一个有效而重要的内容。

（三）临床症状及病理变化

牛感染 BVDV 后的临床症状差异很大，有的隐性感染，有的出现明显临床症状，但其感染类型主要分为一过性感染（TI）和持续性感染（PI）两类。BVDV 对奶牛的影响可表现为流产、胎儿畸形、腹泻和免疫抑制等，是一种以发热、黏膜糜烂溃疡、腹泻等为主要特征的一种复杂、呈多临床表现类型的传染病。

1. 黏膜病型

在自然情况下黏膜病发病率低，症状明显，病变严重，死亡率较高。此类型主要侵害犊牛和青年牛，潜伏期一般为 7~9 d，发病突然，体温升高 40~42℃，精神沉郁，食欲丧失，反刍停止，产乳量下降或停乳。

发病 2~3 天后，唇、腭、齿龈、口腔黏膜上出现浅表性烂斑（图 3-65），大量流涎，呼气恶臭。随后出现腹泻，最初呈水样，恶臭。最后因脱水而死亡。发病率 2%~50%，犊牛的死亡率可达 90%。白血球减少、流涕（浆）咳嗽，有些病例鼻黏膜出血。

图 3-65　齿龈、唇黏膜上出现的浅表性烂斑

2. 腹泻型

以腹泻为主，具有高度传染性，发病率高，而死亡率低，犊牛发病率和死亡率很高（图 3-66）。其症状和黏膜病相似，但症状和病理变化比黏膜病轻。病牛发热或体温正常或呈周期性波动，食欲下降或不食。

图 3-66　腹泻拉稀、脱水、消瘦、虚脱而死的 BVD 犊牛

腹泻初呈水样，后期带血和黏液，并排出带片的黏膜。病程长达数月，间歇性发生，消瘦，可见间歇拉稀，最后以脱水、衰竭而死亡（图 3-67），死亡率一般不超过 5%。

图 3-67　PI 犊牛腹泻表现

其病理变化主要为食道、前胃、真胃、小肠、大肠黏膜充血、出血、水肿糜烂坏死和溃疡。鼻镜、鼻孔、口腔、牙床、舌、腭、口腔黏膜糜烂，尸体消瘦。肠系膜淋巴结肿大坏死，心内外膜常有出血点、斑。趾（指）间皮肤溃疡。流产胎儿口腔、食道、真胃有出血斑和溃疡，严重者小脑发育不全、运动失调。

（四）诊断

可以结合临床症状和实验室检测做出诊断。

当病牛临床上出现发热、腹泻、口腔黏膜损伤、蹄炎和趾间糜烂时等病变表现或症状时；牛群出现流产、木乃伊、胎儿先天畸形、受胎率下降，后备牛慢性、反复性疾病时应该怀疑为 BVDV 感染。及时进行实验室检测、确认或排除此病。

实验室诊断本病方法有好几种，目前用 BVDV 双抗夹心 ELISA 抗原检测试剂盒，利用全血、血清、血浆、耳组织、细胞培养物诊断此病，是一种较为实用的手段。

（五）防控措施

以前我国分离鉴定到的 BVDV 毒株多数为 BVDV-1 型，BVDV-2 型流行区域较少，但随着国际动物及动物新产品交易活动和国内牛群地区间流动的增加，我国多数地区分离出了 BVDV-2 型毒株。

目前国外主要采用疫苗接种，加强监测、淘汰 BVDV-PI 等措施防控此病。我国大多数地区尚缺乏针对此病的系统性综合防控计划，只有少数大型奶牛场开始了此病的疫苗接种和 PI 监测、净化工作。我国对此病的防控还处在初步的探索阶段，任务艰巨。

目前，我国只有 BVDV-1 型灭活疫苗，没有 BVDV-2 型疫苗。国外的实验表明，BVDV-1 型灭活疫苗免疫牛群后，无法对 BVDV-2 型产生保护作用。

九、牛流行热

牛流行热是由牛流行热病毒引起的一种急性、非接触性传染病。

依据该病的流行特点，又被称为三日热、暂时热、僵硬病。此病非洲、亚洲和澳大利亚都有发生、流行，夏秋季蚊虫活跃期发生较多，尤其是天气闷热的多雨季节和昼夜温差较大的季节易引起流行。此病能快速传播，流行面广，目前在我国多个省份多次发生，流行呈上升趋势，危害严重，尤其是奶牛。

牛流行性热的高发季节恰在每年的 7—10 月，这一时期中国的大部分地区处于高热高湿的热应激时期，对高产奶牛而言，高温高湿天气是一个很大的应激因素，对身体消耗特别大。这时候发生牛流行热，体温升高到 41~42℃，可致使牛体迅速脱水、产奶量急剧下降 50%，虚弱衰竭，死亡率显著升高。

（一）病原

牛流行热病毒属于弹状病毒科、暂时热病毒属，只有 1 种血清型。该病毒对热敏感，56℃ 10min、37℃ 18h 即可灭活，pH 值 2.5 以下或 pH 值 8.0 以上数十分钟内可使之灭活。抗凝的病牛血液于 2~4℃ 贮存 8d 后仍有感染性。反复冻融对病毒无明显影响，在 −20℃ 以下低温可长期保存毒力。目前，对牛流行热的发病机理、细胞免疫机理及传播机制并未完全阐明。

（二）流行病学

该病主要侵害奶牛、黄牛，水牛较少发生。各年龄阶段的牛均可发病，以 3~5 岁成年牛最为敏感，育成牛和青年牛次之，犊牛偶有发生。

该病流行具有明显的季节性，夏季是本病的高发季节。该病的传播和流行迅猛，在传播扩散方式上不受山川、河流的影响，呈跳跃式蔓延。该病毒传播方式不是通过近距离接触，而是通过媒介昆虫传播。目前比较明确的是蚊子、库蠓。蚊子是其传播的主要媒介。气象和环境方面的因素与该病的传播有关，如季风及其风速和方向、温度和湿度、季雨及地理、地貌在远距离传播和媒介分布上有一定作用。另外，动物的运输是该病毒传播的强有力途径。

该病的发生流行有一定的周期性，一般认为每隔几年或3~5年发生1次较大规模的流行。该病的潜伏期绝大部分为3~5 d。牛流行热病程短、发病率高（20%~80%）、死亡率低，但对奶牛所造成的经济损失巨大。淘汰率高、产奶损失大，要高度重视本病的防治。

（三）临床症状

突然发病，病牛振颤，体温高达40.0~42.5℃，精神沉郁，呆滞，反应迟钝，食欲废绝，维持2~3d后降至正常，俗称"三日热"。病牛呼吸急促、心跳加快，随病情加重，病牛腹部扇动，鼻孔开张，抬头伸颈，张口呼吸，鼻孔流含血液的分泌物（图3-68）。眼球突出，目光直视，后期上、下眼睑肿胀、眼结膜潮红、流泪、烦躁不安，站立不安，患病牛可见颈部和胸

图3-68　鼻孔开张，抬头伸颈，张口呼吸，鼻孔流含血液的分泌物

前皮下气肿，按摩有捻发音、拍压有气性波动。

因全身肌肉和四肢关节疼痛，病牛步态强拘、一肢或几肢僵硬、蹒跚、易摔倒、关节疼痛（轻度肿胀）、跛行（僵硬病），严重者卧地不起、瘫痪、四肢直伸、平躺于地等运动障碍症状。随着奶牛产奶性能大幅提高，此病对奶牛所造成的损失显著加大，淘汰和死亡率增加。

（四）病理变化

该病的特征性病理解剖变化主要是肺间质气肿，个别的肺充血和肺水肿；肺气肿时，肺高度膨隆，间质增宽，内有气泡，触压肺脏时出现捻发音，有的被膜隆起，被膜下有过度扩张的大肺泡，肺实质组织被气泡撑破，形成空洞。

肺水肿时，胸腔积有多量暗红色液体，内有胶冻样浸润，两肺膨隆肿胀，间质增宽。肺切面流出大量暗红色液体，气管内积有多量泡沫状黏液，黏膜发红，间有出血点或出血斑；肝、脾、肾等实质器官轻度肿胀，有散在的小坏死灶。

（五）诊断

依据群体突然暴发，传播速度快，有明显的季节性特点，发病率高，死亡率低等特点；结合典型的临床特征，例如，高热，呼吸系统症状突出，部分病牛关节疼痛、跛行，白细胞数量减少等，可做出初步诊断。

确诊本病需要结合病原分离定性。目前尚未建立起国际标准化的诊断技术，但许多国家的研究者都在特异性血清学诊断方法方面进行了大量的研究工作。根据 2002 年 8 月 27 日中华人民共和国颁布的农业生产标准，微量中和试验是检测确定本病的标准方法。

（六）治疗

本病发病迅速，传播快，尚无特效药物及特效治疗办法。临床治疗主要采用对症治疗和支持治疗方法。针对高热，可肌内注射氟尼辛葡甲胺等非甾体类解热、镇痛药物进行治疗。为防止继发感染可肌内注射头孢等抗生素进行治疗。

针对食欲下降、脱水等症状可通过输液的方式补水、补糖、补电解质、调整体液酸碱平衡，补充相应的维生素等。

还可以采用中西结合的方法进行相应的对症治疗。

（七）预防

1. 监测体温

对未发病牛要进行一天两次的体温监测，凡体温升高者立即进行隔离治疗。

正确诊断是防控疾病的关键，真正做到早发现、早隔离、早治疗、用药准、剂量足，对防控本病有重要意义。

2. 杀灭蚊蝇

牛流行热病毒依靠吸血昆虫为媒介进行传播，可在蚊蝇活动频繁季节每周 1~2 次用环保型灭蚊蝇药物进行灭蚊蝇工作，切断传播途径。

3. 保持环境卫生

及时清理牛舍周围杂草污物、粪沟和污水沟，保持环境卫生，防止蚊蝇等吸血昆虫滋生。

4. 疫苗免疫

对牛群进行免疫接种是控制该病的有效措施之一。目前，我国已经研制出针对该病进行免疫防控的疫苗。在该病流行之前，对易感牛进行免疫接种，可产生较好的保护作用。

在该病多发季节，对牛进行颈部皮下 2 次免疫接种，2 次免疫接种间隔期为 21d。免疫剂量每次每头牛为 4mL，6 月龄以下犊牛免疫剂量减半。在牛流行热暴发地区，可用本疫苗对牛群进行紧急预防接种。

十、牛结核病

奶牛结核病是由牛分枝杆菌引起的、慢性消耗性、人兽共患传染病。以组织和器官形成特征性结核结节和干酪样坏死为特征，主要为肺结核，其次还有淋巴结核、乳腺结核、肠结核、脑结核、骨结核等。在我国为二类动物疫病，在 OIE 为必须通报疫病。

（一）病原

牛结核病原为结核分枝杆菌（图 3-69），是分枝杆菌属的一群细菌。根据致病性分为人型、牛型、鼠型、冷血动物型、非洲型分枝杆菌 5 型。人型菌是人类结核病的主要病原，可感染猴、狗、猫、牛、马、羊等。牛型菌是牛、猪及其他动物的病原菌，也能使人感染发病，鼠型菌对人、畜均无致病性。非洲型分枝杆菌是介于人型菌和牛型菌的中间型。

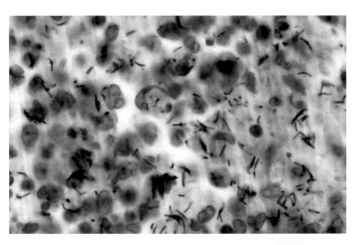

图 3-69　肠系膜淋巴结 Ziehl-Neelsen 抗酸染色（图中红色为单一或成堆的杆菌或微弯曲菌）

结核分枝杆菌对湿冷、干燥的抵抗力很强，对热抵抗力差，受阳光直射几小时就可死亡，常用消毒药均能杀死此菌。

（二）流行病学

牛结核病在世界范围内普遍存在，本病可感染人和约 50 种哺乳动物，在家畜中牛最为易感。感染者只有少数发展为活动性结核，绝大多数处于潜伏感染阶段，长期带菌，当机体免疫力下降时发展为活动性结核，成为牛结核病的传染源。

牛结核主要通过消化道和呼吸道进行传播，潜伏期长短不一，长者数月甚至数年，短者仅十几天，牛结核可感染人，人结核可感染牛。此病 OIE 列为二类疫病，自开展"结核病控制和根除计划"以来，有多个国家在家养动物中消灭了此病。目前，牛结核病在非洲、亚洲和一些国家的部分地区仍然广泛存在。

（三）临床症状及病理变化

结核病通常呈慢性经过，初期临床症状不明显，随病程延长逐渐表现出临床症状，例如，虚弱、食欲减退、消瘦、波浪热、常发出短而干的咳嗽、体表淋巴结肿大。由于病原菌侵袭的部位不同而呈现不同的临床症状和病理解剖变化。对于每年进行两次检疫的牛群而言，观察不到临床表现。

肉眼可见的病理变化主要见于肺、淋巴结、腹膜、肠系膜、肝脏、胸膜等组织器官上形成大小不一的结核结节或结核性干酪样坏死。例如，肺结核（图 3-70、图 3-71）、胸膜结核（图 3-72）、肠系膜淋巴结核（图 3-73）、腹膜核（图 3-74）、肝脏结核等。我国牛结核病的主要表现形式是肺结核，发达国家约 90% 的结核牛病变主要表现在肺和呼吸系统的淋巴结，3% 的牛仅在肠系膜淋巴结出现病变，只有 2%~4% 的结核牛有其他内脏器官病变。

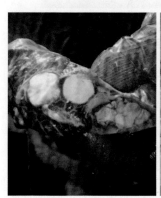

图 3-70、图 3-71　牛肺结核病理变化

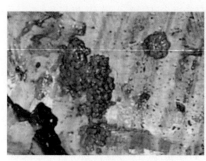
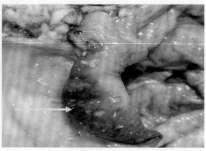

图 3-72　牛胸膜结核病理变化　　　图 3-73　牛肠系膜淋巴结核病理变化

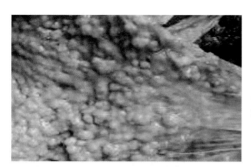

图 3-74　牛腹膜结核病理变化

（四）诊断

奶牛结核病通常通过牛提纯结核菌素皮内变态反应、γ - 干扰素 ELISA 检测方法、病原分离鉴定为主要手段。

1. 颈部皮内 PPD 变态反应检测法

（1）检测部位选定及处理

PPD 注射及检测部位为牛颈中上部，具体部位见（图 3-75）。检疫部位除毛（剃毛用剃头刀或电动剃毛工具），除毛面积一般为直径 10cm 左右。犊牛选择肩部作为检疫部位（图 3-76）。

图 3-75　牛颈部 PPD 皮内变态反应检测部位示意　　图 3-76　犊牛肩膀部 PPD 皮内变态反应位置示意

（2）测皮厚

除毛后将皮肤捏提成一双层皱褶用游标卡尺测量皮厚，并做好记录。

（3）牛提纯结核菌素（PPD）注射及皮厚测量

用酒精棉球对注射部位进行擦拭后，一律皮内注射 3 000IU 牛提纯结核菌素（将牛提纯结核菌素冻干制品用注射用水稀释为 30 000IU/mL 液体，每头注射0.1mL稀释的PPD），正确的皮内注射会在注射部位鼓起一小包。如果在注射过程中出现"打飞针"问题，重新补打1次。

（4）注射PPD后的皮厚测量

皮内注射PPD后第72h用游标卡尺测量皮厚，并观察结果；注射前后的皮厚测量应该由同一人完成。

（5）检测结果判定标准

①注射部位出现明显的红、肿者判定为阳性（＋）。

②注射部位2次皮厚差大于4mm者判定为阳性（＋）。

③皮厚差在2.1~3.9mm间者判定为可疑（±）。

④皮厚差小于2mm判定为阴性（－）。

2. PPD尾根腹面皮内变态反应检测法

（1）检测部位及方法

选择牛尾根腹面中线（或中褶）左侧或右侧尾腹面皮肤处作为注射检测部位（图3-77），将牛型提纯结核菌素冻干制品用注射用水稀释为每30 000U/mL液体，用酒精棉球消毒注射点，将注射器针头刺入一侧皮肤皮内，注入0.1mL稀释好的提纯结核菌素，皮肤内形成呈豌豆大小的突起，表明注射成功。

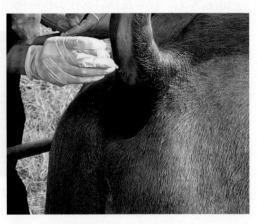

图3-77 牛尾根腹面PPD皮内变态反应检测示意

（2）检测结果判定标准

注射完成后72h时，进行结果判定，在注射部位出现触诊或明显可视的肿胀变化，或尾褶厚度与对侧比较厚度差≥4mm，则判定为阳性（＋）。

尾褶厚度与对侧比较，皮厚度差在2.1~3.9mm间者判定为可疑（±）。

尾褶厚度与对侧比较厚度差小于2mm者判定为阴性（−）。

如果出现PPD注射部尾中褶厚度≥8mm，也判定为阳性。

3. γ-干扰素ELISA方法检测方法

此方法为近年来用于结核病检测的一种实验室检测方法。可单独使用，也可作为皮试检测的辅助手段。其原理是通过检测感染牛体内产生的特异γ-干扰素，间接检测牛是否被结核分枝杆菌感染。

4. 三种检测方法对比分析

① PPD颈部皮内变态反应法是国家检测结核病的法定方法，与尾根腹面皮内变态反应法相比较，其保定、除毛工作强度较大，结果观察判定、量皮易受人为因素影响。

② PPD尾根腹面皮内变态反应法与PPD颈部皮内变态反应法相比，保定相对容易，结果观察判定、量皮相对容易方便。

PPD颈部皮内变态反应法更适用于中小型牛场，PPD尾根腹面皮内变态反应法更适合大型规模化牛场的结核例行检疫。

③ γ-干扰素ELISA方法的优点是省时、节省劳力、结果判定容易。缺点是成本较高，需要有专业的化验人员和化验条件。另外，γ-干扰素ELISA方法的敏感性要高于PPD颈部皮内变态反应。相比较而言，γ-干扰素ELISA方法更适合大型规范化牛场及效益高的万头牛场。

（五）防控措施

牛结核病是一种人兽共患病，对公共卫生安全威胁巨大，被国家列入二类疫病，属国家强制检疫疫病，要求一年检疫两次，严格执行"检疫—扑杀"防控措施。检出的阳性牛需在2d内扑杀、屠宰，反应可疑的牛进行隔离复检。牛场兽医必须深刻理解、准确掌握牛结核病的检疫方法。

十一、奶牛放线菌病

奶牛放线菌病是由放线菌感染引起的一种慢性传染病，以头部、颈部、颌骨、颌下和舌头形成放线菌肿、慢性化脓为主要临床病理特征。

（一）病原

奶牛放线菌病主要由牛放线菌和林氏放线杆菌感染引起，牛放线菌是牛骨骼放线菌病的主要病原，林氏放线杆菌是引起皮肤和软组织器官放线菌病的主要病原。过去临床所见的病例多为牛放线菌感染，在骨骼上形成骨性放线菌肿（图3-78、图3-79）；近年来以林氏放线杆菌感染引起，在软组织上形成的放线菌肿病例显著增多（图3-80、图3-81）。

图 3-78、图 3-79　牛放线菌感染引起的病理变化

图 3-80、图 3-81　林氏放线杆菌感染形成的下颌软组织放线菌肿

（二）流行病学

放线菌作为一种寄生菌常存在于牛的呼吸道、皮肤，被污染的土壤、饲料和饮水中，病牛破溃的病灶是主要传染源。此病以 2~5 岁的牛最为易感，粗硬、带芒刺的饲草损伤造成的口腔黏膜、齿龈损伤和唾液导管开口是病原入侵的主要途径，此病多为零星发病。

（三）临床症状

牛放线菌病主要侵害骨组织，常表现为下颌骨肿大（图 3-82）、咬合困难、采食困难、反刍困难，初期疼痛、再发展则变硬如骨，呈结块样肿大。由于放线菌肿（肉芽肿）内部会出现大量白细胞浸润，可使组织迅速崩解，形成脓肿和瘘管，向外排出脓液。

图 3-82　放线菌病的牛颌骨肿大

近年来，在牛的放线菌病例中，以林氏放线杆菌感染导致的软组织放线杆菌病例显著增加，其主要表现为下颌间隙形成放线菌肿块，随时间延长发生破溃，流出黄褐色液体。还可在咽喉部皮下形成一片肉芽，呼吸声音变粗，也可在颈部垂皮内形成肉芽肿。

舌组织感染放线菌时，舌头不舒服，有"耍舌"现象，舌头活动不灵活（木舌症），流涎。

（四）治疗

此病在发病早期治疗尚有一定治疗价值，后期无治疗价值。

① 可用蒽诺沙星，每千克体重 10mg，肌内注射，同时配合口服碘化钾，成年牛每天 8~10g，犊牛服 2~4 g 进行治疗，每天一次，连续用药 2 周。

② 也可采用在放线菌肿周边注射青霉素、链霉素的方式进行治疗。

③ 手术治疗对于早期的各软组织放线菌肿有一定治疗价值。

由于此病为零星发生，而发病牛破溃的病灶是主要传染源，也是污染牛场环境的重要传染源。另外，此病在后期无治疗意义。为了防止此病由零星发生向散发发展，从净化此病的角度来思考，对发病牛及时淘汰、净化是一种降低本病在牛群中发病率的一个有效办法。

十二、奶牛布鲁氏杆菌病

牛布鲁氏杆菌病是由布鲁氏杆菌引起的一种人兽共患传染病，简称布病。对公共卫生安全威胁巨大，被国家列入二类疫病。20 世纪 90 年代以前，我国对此病采取严格的检疫净化防控措施，每年春季和秋季采血化验一次，布病阳性奶牛一律采取扑杀、无害化处理，严格的防控措施获得了良好防控结果。

20 世纪 90 年代后，随着全球经济一体化进程步伐加快，国家间、地区间人员往来增加，活牛和草料交易活动增加，布病防控压力与日俱增，奶牛布病阳性检出率明显升高，原先的布病防控良好局面失守，布病防控又成了牛场的一个严峻挑战。我国大部分地区对布病的防控被迫从全面检疫、净化，退守到了疫苗免疫防控阶段。在目前现状下，加强对本病的监测和控制，对保证人、畜健康及公共卫生安全意义重大。

很少有国家能在动物种群中彻底消灭这种疾病，每年全世界大约有 50 万人新感染病例。尽管全球关注控制和预防，但该病仍在许多国家和地区流行。

（一）病原

牛布鲁氏杆菌病的病原为布鲁氏杆菌属的牛种布鲁氏杆菌，细胞内寄生。布鲁氏杆菌属包括 6 个生物种，19 个生物型。牛种布鲁氏杆菌也称流产布鲁氏杆菌，不同种别的布鲁氏杆菌虽各有其主要宿主动物，但存在相当普遍的宿主转移现象。流产牛种布鲁氏杆菌有 9 个型，以生物型 I 为流行优势种，该菌革兰氏染色为阴性。各种布鲁氏杆菌对其相应种类的动物具有极高的致病性，并对其他种类的动物也有一定的致病力，致使本病能广泛流行。

布氏杆菌在阳光下和干燥土壤中存活时间很短，在潮湿的土地上可以存活 66 天，在寒冷的土壤里可以存活 2~3 个月，在粪便中（受温度的影响）可以存活 8 天到 4 个月，在水中存活时间最长，能够存活 3~4 个月，在死亡的胎儿上（避免阳光直射）可以存活 180 天。

（二）流行病学

牛布鲁氏杆菌病广泛分布于世界各地，目前疫情仍较严重。凡是养牛的地区都有不同程度的感染和流行，特别是饲养管理不良、防疫制度不健全的牛场。

患病牛是主要传染源。流产胎儿、胎衣、羊水及流产母牛的乳汁、阴道分泌物、血液、粪便、脏器及公牛的精液，皆含有大量病原菌，1 头感染分娩（流产/正常产）母牛可排出 10^9~10^{13} 布鲁氏杆菌（图 3-83）。

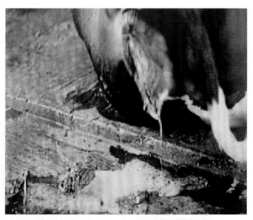

图 3-83 布病感染牛通过子宫恶露排菌

布氏杆菌不在牛体外繁殖，但可存活下来。布氏杆菌喜欢在寒冷和潮湿的环境生存。布氏杆菌在草地可以存活，冬季可以存活 100 天，夏季 30 天。在干草中不适合生存，不大可能是畜群感染的来源。作为青贮饲料，pH 值偏低，布氏杆菌在 4.5 或更低的 pH 值下不可能存活。所以，饲喂青贮、干草不太可能成为布病转播的途径。

在粪便存活时间要长一些，有潜在的接触风险，但很少有证据证明这是一种重要的感染源。

本病传播途径较多，当病原菌污染了饲料、饮水或乳时，若消毒不彻底，牛食入这些污染物后可经消化道感染本病；患病公牛与母牛交配，或因精液中含有病原菌，通过人工授精可经生殖道感染本病；病原菌通过鼻腔、咽、结膜、乳管上皮及擦伤的皮肤等可以感染本病，经呼吸道和皮肤黏膜、外伤也可感染本病。

为何布氏杆菌病难以控制、净化？因为该菌很适应于牛体，很好地隐藏在免疫系统中不受免疫系统的攻击，且很难检测和移除。大量携带者处于无临床症状状态或潜在感染。同时，这个潜伏期不固定，有可能时间很短也有可能时间很长。复杂的免疫过程会混淆检测结果与疫苗效果，我们使用的活苗可混淆检测结果，难以治疗。因此布病的管控方案和根除方案难以实施。

（三）临床症状

潜伏期 2 周到 6 个月，牛多为隐性感染，主要症状是怀孕母牛流产。流产多发生于妊娠后 5~8 个月，流产后常伴有胎衣滞留，往往伴发子宫内膜炎。流产胎儿多为死胎（图 3-84）。产犊后母牛因胎衣不下、子宫内膜炎、子宫积脓可导致不孕症发生。

图 3-84 流产的死亡胎儿及胎儿体表病理变化 （王春璇提供）

病牛表现关节炎、淋巴结炎和滑液囊炎，关节肿痛、跛行或卧地不起，腕关节、跗关节及膝关节均可发生炎症。一些母牛还会表现出乳房炎的轻微症状。

（四）病理解剖变化

肉眼病变见于胎盘、乳房、睾丸及流产胎儿等。

胎膜：水肿，呈胶样浸润、子叶出血（图3-85）。质脆，外附有多量纤维素絮状物。绒毛膜充血、出血，绒毛膜外有黄色、灰黄色絮状物，子叶呈肉色，肥厚糜烂（图3-86）。母子胎盘间有污灰色分泌物，部分母子胎盘粘连。

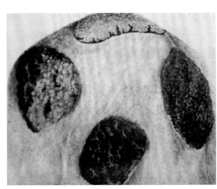 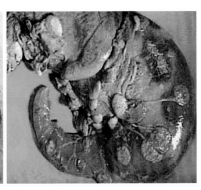

图3-85 胎膜或胎衣上的水肿，呈胶样浸润、子叶出血　　图3-86 布病流产胎膜子叶肥厚糜烂、绒毛膜水肿、充血及炎症性病理变化

胎儿：流产胎儿一般可见皮下肌肉、结缔组织发生血样浆液性浸润，真胃中有淡黄色或白色黏液絮状物，肠胃和膀胱的浆膜下可能有点状和线状出血。胸腔、腹腔有多量微红色积液，肝、脾和淋巴结有不同程度的肿胀，并有散在性炎症坏死灶。胎儿和新生犊牛可见到肺炎病灶。

乳房：乳房切面有黄色小结节，实质、间质细胞浸润、增生。

（五）诊断

牛布鲁氏杆菌病的发生可根据牛群的流产情况和病牛的临床症

状来判定。如果牛群中有大批孕牛流产，流产后有胎衣滞留，并出现关节炎等症状，流产胎儿和胎盘又有本病所特有的典型病理剖检变化时，应怀疑本病。如果原牛群流产罕见，只是由外来引进新牛之后不久才发生大批流产，也应怀疑是本病。但单凭流产来判定该病的发生是不可靠的，还需作病原学检查和血清学检查才能最后确诊。

（六）防控措施

1. 奶牛场免疫程序（以 A19 疫苗免疫为例）

① 使用 A19 疫苗，采用皮下注射免疫。

② 阳性牛群在第 1 年时对 3 月龄以上的牛实施整群免疫（干奶牛不免疫，在产后 30 天进行补免）。从第 2 年开始每年仅对 3~6 月龄后备犊牛进行免疫，剂量按疫苗使用说明书进行，成年牛不进行免疫。

③ 受威胁区的阴性牛群不实施整群免疫，仅对 3~6 月龄后备犊牛进行免疫，而对成年牛不进行免疫。

2. OIE 国家或地区被官方认可为牛布病无疫要求

① 牛布病病例及可疑病例必须强制通报。

② 整个国家（或部分区域）全部牛群均在官方兽医控制之下，且畜群布病感染率不超过 0.2%。

③ 每个畜群定期用全乳环试验（MRT）T 或其他方法进行血清学检测。

④ 至少在过去 3 年没有任何动物接种过牛布病疫苗。

⑤ 所有阳性动物都被屠杀。

⑥ 引入无疫国家（或无疫区）动物只能来自官方认可牛布病无疫牛群。

3. 布病防控注意要点

（1）布氏杆菌的潜在感染

布氏杆菌存在潜在感染，在牛首次产犊前，经常出现青年牛检测阴性，但该青年牛可能是过去感染性接触的无症状携带者，这是检测和屠宰计划失败造成的。在这些计划中，阳性动物全部被出售，但当被感染动物的后代再次产犊时，疾病依然存在，出现这些感染的一个可能的情况是犊牛早期暴露和菌血症，随后细菌进入淋巴组织并处于休眠期，直到再次出现第二种菌血症，并有可能侵入怀孕子宫。尽管犊牛可能通过子宫内、分娩期间的初乳和牛奶暴露感染，但一般认为犊牛对新的感染有很强的抵抗力，直到它们怀孕的最后3个月。

（2）只有正确的免疫流程配合良好的管理才能增加免疫成功的概率

如果环境中的细菌量增加10倍，疫苗的保护程度可从大约70%降低到50%。由此可见，只有正确的免疫流程配合良好的管理才能增加免疫成功的概率。最危险的时期是在流产和正常产犊时以及之后的一段时间，在隔离的区域产犊可以有效地控制疾病的传播。我们不仅要有有效的疫苗，还要配合管理流程，才能达到更好的免疫效果。

第四章

犊牛疾病

一、犊牛大肠杆菌病

犊牛大肠杆菌病是由致病性大肠杆菌引起的一种急性传染病。10d 以内的犊牛多发，尤其是出生 1~3d 的犊牛，以剧烈腹泻和急性脱水为主要临床特征，以肠炎和败血症为主要病理变化。

（一）病原

大肠杆菌广泛存在于自然界和动物肠道内。大肠杆菌抗原成分复杂，根据菌体抗原的不同，可将大肠杆菌分为 150 多个型，其中 16 个血清型为致病性大肠杆菌。能引起大肠杆菌病的大肠杆菌可分为败血症性大肠杆菌、产肠毒素型大肠杆菌和其他类型大肠杆菌。目前临床上由血清型为 K99 的大肠杆菌（图 4-1）引起的肠炎较为多见。

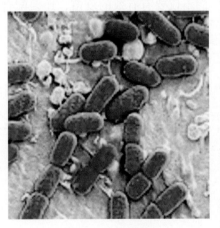

图 4-1　大肠杆菌

（二）流行病学

犊牛大肠杆菌病是导致犊牛死亡的一个重要原因，犊牛出生后短时间内大肠杆菌就可进入胃肠道，可引起败血症、肠毒血症、

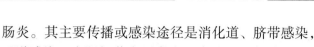

肠炎。其主要传播或感染途径是消化道、脐带感染，也可以通过呼吸道感染。大肠杆菌广泛存在于自然界和肠道内，当犊牛抵抗力或消化功能低下时可导致大肠杆菌病发生。

（三）临床症状

本病多发生于产后 1~7d 的犊牛，多呈急性发病过程，以急性水性腹泻（图 4-2、图 4-3）及迅速脱水为主要临床特征，脱水可导致肌无力，引起卧地不起或昏迷休克，可视黏膜苍白、吮吸反应减弱或消失。水样粪便常呈黄色、白色或绿色，如不及时治疗大多于发病后第 3d 死亡。

图 4-2　大肠杆菌病的急性水样腹泻

病程长一些的病例后期腹泻物中有黏膜及血液成分（图 4-4）。

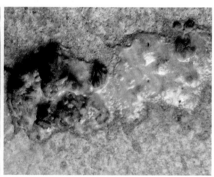

图 4-3　大肠杆菌病的急性水样腹泻　　图 4-4　后期腹泻物中有黏膜及血液成分

发病犊牛体温初期升高（40.5℃）、后期下降。犊牛精神沉郁，四肢、口腔、鼻镜变凉，发病初期表现呼吸加快、急喘等现象。后躯脏污不洁、粘有粪便、站立无力（图 4-5），体躯有脱毛现象（图 4-6）。

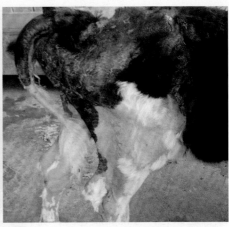

图 4-5 后躯脏污不洁、粘有粪便、 图 4-6 大肠杆菌病引起的体躯脱毛与
站立无力 皮肤结痂

（四）病理变化

死亡犊牛消瘦、脱水、眼窝下陷，真胃内有凝乳块（图 4-7），真胃黏膜变红有充血及点状出血（图 4-8），肠黏膜充血、有不同程度的炎症和出血变化，肝脏肿大（图 4-9）。一些病例伴有肺炎及关节炎病理变化。

图 4-7 真胃内的凝乳块

图 4-8 真胃黏膜充血、出血 图 4-9 肝脏肿大，质地变硬
性病理变化

（五）诊断

根据发病过程的流行病学特点及临床症状可做出初步诊断。用胶体金快速诊断试纸条诊断，是一种很好的临床确诊方法，也可以用 ELISA 方法或检查方法来确诊。

（六）治疗

① 补液：复方生理盐水 1 000 mL、5% 葡萄糖 500 mL，5% 碳酸氢钠 200 mL、磺胺，一次静脉输液，1 日 1 次。

② 消炎杀菌：庆大霉素 60 万 U 或氟苯尼考、土霉素等，肌内注射，1 日 1 次。

口服链霉素，每次 100 万~200 万 U；或土霉素片 8 片，1 日 1 次。

③ 病情好转后，可配合口服益生菌制剂，或促进消化的药物制剂。治疗注意事项如下。

① 第一次治疗后不见好转的犊牛，随后出现病情急剧变化，体温下降，死亡。

② 第一次治疗要及时、补液量要充足；如果第一次补液不足，严重脱水会对犊牛的生理功能造成严重损伤，随后的治疗效果将会明显变差。

（七）预防措施

① 药物预防：犊牛出生后肌内注射庆大霉素、氟苯尼考、土霉素注射液进行预防，连续用药 3 d。

② 做好初乳及常乳的巴氏消毒工作。

③ 认真检查初乳质量或更换初乳。

④ 严格脐带消毒和断脐工作。

⑤ 加强围产期饲养管理。

⑥ 加强产房管理。

二、犊牛化脓性隐秘杆菌肺炎

化脓隐秘杆菌属于隐秘杆菌属，是奶牛、肉牛等动物体的内源性条件性致病菌，此菌主要存在于动物体内几乎所有的黏膜中，也可从健康牛的胃、肠道共生菌群中分离到本菌。在动物机体免疫力低下时，本菌可引起化脓性感染（特别是黏膜组织感染），继而引发奶牛乳房炎、子宫炎、肺炎、心内膜炎等疾病。

目前，在奶牛化脓性隐秘杆菌病（尤其是犊牛隐秘杆菌病）临床防控研究方面的报道不多。2013 年 9 月，笔者发现北京某奶牛场的犊牛群中存在有一种未知的疑难疾病，对其进行了为时 1 年的临床跟踪研究，最后确诊为犊牛化脓性隐秘杆菌病。在随后的犊牛疾病临床防控服务过程中，时不时总会碰到此病例。

（一）病原

化脓隐秘菌原称化脓棒状杆菌，1997 年定名为化脓隐秘杆菌，根据其 16S rRNA 的基因序列的分析结果，将其归入隐秘杆菌属。化脓隐秘杆菌是一种兼性厌氧菌、革兰氏阳性杆菌（图 4-10），染色不均匀，两端有着色较深的异染颗粒。多形态，排列不规则，常呈

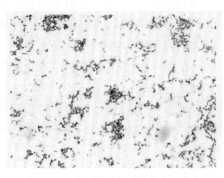

图 4-10　化脓隐秘杆菌革兰氏染色

栅栏状或 V 字状等。此菌参与大多数创伤感染或机会性感染，可能是局部或区域性感染，也可能是全身性感染。常定殖在肺、心包膜、心内膜、肝脏、关节、子宫、肾皮质、脑、骨和皮下组织。

（二）流行病学

化脓隐秘杆菌除感染牛外，绵羊、山羊、野生反刍动物和猪也是易感动物。大多数感染为内源性感染。化脓隐秘菌杆可引起牛流产和乳腺炎，对犊牛的危害主要是化脓性隐秘杆菌性肺炎。由于化脓隐秘杆菌可持续存在于易感动物体内，因此，该病常呈散发，而且该病的发生常与应激因素和创伤有关。夏季多发，成年牛夏季以

"夏季乳房炎"最为常见，发生创伤的乳头可吸引蝇类，进而促进病菌的传播。

此菌对消毒剂和 β - 内酰胺类抗生素敏感，对于磺胺药具有抗性，而且对四环素的抗性逐渐增加。

（三）临床症状

2013 年 9 月，某奶牛场共产母犊 130 头，发病犊牛 11 头，发病率 8.46%。犊牛发病时间为出生后 1 月龄以内的犊牛，发病后采用磺胺、头孢、青霉素、链霉素及对症治疗无效，一般在 2~2.5 月龄死亡，死亡率 100%，病程为 60d 左右。

发病犊牛体温升高（40~41℃），咳嗽、咳嗽时伴有疼痛表现，流黏液及脓性分泌物，呼吸急促、困难，精神沉郁，心率不齐，双侧眼球高度突出（图 4-11），腕关节肿大，个别牛拉稀；后期共济失调，行动不稳、跌跤。

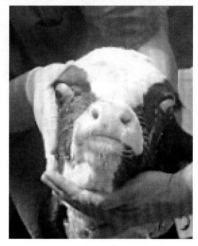

图 4-11　两侧眼球高度突出

（四）病理变化

犊牛化脓性隐秘杆菌病肺脏呈典型的化脓性肺炎病理变化。肺与胸膜粘连，肺脏表面、切面、胸膜上有大小不等的大量脓包（图 4-12），大的脓包稍大于鸡蛋、中等的脓包大小如乒乓球，小的脓疱如粟粒大小，切开后流出大量液态脓汁，肺发生实变、暗红色、质地硬（图 4-13）。气管及喉部蓄积有大量脓汁。另外，肺上也可

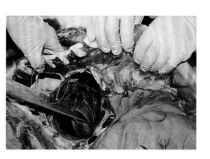

图 4-12　胸膜上的脓包

以看到异常扩张的肺泡。

心脏表面血管缺血，呈白色（图4-14），死亡犊牛心内血液中可见少量脓汁；胆囊肿大，充满胆汁，胆汁浓黏；脑膜有轻度炎症。

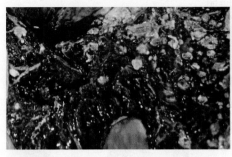

图4-13　肺脏肉变及大小不一的脓包　　图4-14　心肌缺血、心脏表面血管变白

（五）诊断

根据发病犊牛病程较长、零星发生，同一牛场的育成牛、青年牛未发生本病等流行病学特点，及患病犊牛在临床症状、病理变化等可做出初步诊断。

确诊需采集患病犊牛肺、肝、心、脑组织及血液、脓汁、胆汁病料进行细菌培养、分离、显微镜观察、生化鉴定、16sRNA扩增和基因测序及毒力测定化验。另外，此病在后期常有继发性巴氏杆菌混合感染现象。

（六）治疗

此病在感染早期尚有治疗价值，一旦肺上出现大脓包时，治疗效果极差。笔者在临床防控研究过程中，曾对11头犊牛在感染中后期进行了针对病原的抗生素治疗和对症治疗，但无1头治愈，最终患病牛均于2~2.5月龄死亡。所以，对此病应重视早期治疗。

尽管实验室研究表明，此菌对消毒剂和β-内酰胺类抗生素等敏感，但由于各场日常疾病防治过程中用药类型、用药习惯不同，通过药敏试验选定相应的治疗用药，才能提高早期的防治效果。

（七）预防

① 在有本病发生的牛场，在出生后的 3~4d 内给犊牛注射对本菌敏感的抗生素，对预防本病发生有确实效果。由于各奶牛场在治疗牛病时习惯用的抗生素种类不尽相同，化脓性隐秘杆菌会形成不同的耐药性，各牛场在针对本病进行预防时因选用不同的抗生素，不可死搬硬套。

② 做好泌乳牛化脓隐秘杆菌性乳房炎防治工作（尤其是夏季），是防控犊牛化脓隐秘杆菌性肺炎的一个重要途径。

③ 认真做好断脐工作，切实做好脐带断端的消毒工作，因为脐带感染可能是初生犊牛感染本病的一个途径。

三、犊牛坏死性喉炎

犊牛坏死性喉炎是由坏死杆菌引起的一种以喉部感染坏死为特征的犊牛恶性传染病。本病以口腔黏膜、喉部黏膜、喉部淋巴结坏死、溃疡、化脓等变化为主要特征。在本病的发生、发展过程中发病犊牛口腔及喉部黏膜上常会附着一种白色坏死性假膜，所以也称犊牛白喉病。

（一）病原

本病的病原为坏死杆菌，坏死杆菌为革兰氏阴性菌，专性厌氧菌、无荚膜、不形成芽孢，呈多形性。

本菌对理化因素抵抗力不强，日光直照 8~10h 可杀死本菌，1%高锰酸钾 10min、5% 来苏尔 5min 可使该菌死亡。坏死杆菌在粪便中能存活 50d，尿中能存活 15d，在土壤中能存活 10~30d。本菌对青霉素、四环素、磺胺、氟苯尼考等敏感。

（二）流行病学

坏死杆菌存在于自然界的土壤之中，也存在于各种动物的消化道内，包括牛瘤胃中也有一定数量的坏死杆菌。只要犊牛不采食含大量此菌的饲草、饲料，坏死杆菌在牛体内不能大量繁殖，维持相应的生物体系平衡，犊牛就不会发病。本病常呈地方性发病，病牛主要通过粪便、口腔分泌物向环境排出病原菌，犊牛通过采食、接触被病原污染的饲料、饮水、环境、垫草感染本病。另外，口腔黏膜损伤及脐带也是感染本病的一个途径。2013年12月，山东一规模化奶牛养殖场发生本病，先后有31头犊牛发病，发病后7~10d出现死亡，死亡12头，死亡率为38.7%。

本病多发生于冬季寒冷时期（12月至翌年3月），冬季（尤其是初冬）气温下降较大，犊牛在舍内的时间增加，会使舍内垫草潮湿不洁。如果不及时更换垫草，保持舍内地面干燥，就可导致舍内坏死杆菌大量繁殖，从而导致本病发生。

本病3月龄的犊牛多发，目前绝大多数奶牛场所采用60日龄断奶，3月龄犊牛处在断奶应激阶段，如果犊牛在哺乳期饲养管理不当，断奶时犊牛达不到精料、干草的正常采食标准，就会导致体质和自身免疫力下降，这成为促使本病流行的一个重要诱因。

犊牛的饲草粗硬、长，加工调制不当的牛群易发生本病。完好的口腔黏膜具有抵抗坏死杆菌侵入体内的作用，当口腔黏膜的完整性受到破坏时，就为坏死杆菌的侵入创造了条件，由伤口侵入的坏死杆菌可在侵害部位大量繁殖，引起局灶性炎症和坏死，病变由口腔向喉、气管、肺延伸还可引起犊牛肺炎。因此，在犊牛饲养阶段要高度重视干草的加工调制，以防粗硬的干草损伤犊牛口腔黏膜。

肖定汉曾报道，京郊某牛场在饲养过腐蹄病病牛的圈舍内饲养犊牛，结果引起了犊牛白喉病流行；某牛场用成母牛吃剩的饲草作为犊牛褥草，结果引起本病流行。由此可见，环境中坏死杆菌大量繁殖可引发此病。

（三）发病机理

坏死杆菌侵入口腔黏膜组织或通过受损的黏膜表面创伤进入口腔黏膜组织大量繁殖，引起局灶性炎症，导致相应部位发生肿胀、化脓、坏死。同时，坏死杆菌在繁殖过程中会产生杀白细胞素和内毒素，对黏膜组织产生毒害作用，从而导致相应组织的坏死。这一病理过程可从口腔延伸到喉部，也可突破喉部的淋巴结进入血液或从喉部进一步扩展入肺，引起犊牛肺炎，从而导致犊牛死亡。

（四）临床症状

本病一般发生于2~5月龄的犊牛，发病初期体温升高（40~41℃）；食欲下降、不食，流涎（图4-15）、口臭；呼出的气体难闻（腐臭气味），齿龈、颊部黏膜、硬腭、舌面有溃疡灶或坏死灶，喉部肿胀、黏膜脱落、局灶性坏死。当感染成肺炎时，鼻孔流脓液、呼吸困难（尤其是呼气时表现更为明显），咳嗽，咳嗽时表现痛苦，少数病例伴有喘鸣声音；患病犊牛瘦弱、喜卧、不愿意走动，个别病例腮部肿胀。随病情恶化犊牛表现消瘦、虚弱、卧地不起，大多于发病后7~10d死亡。

图4-15　患病犊牛流涎

（五）病理变化

本病的典型病理变化主要表现在口腔、喉咽、气管和肺部。舌表面有数量较多、病变明显、黄豆大小的坏死灶和溃烂灶（图4-16）；口腔内颊部表面也有一定数量的溃烂斑，口腔内黏膜潮红；喉室入口因肿胀而变得狭窄

图4-16　舌表面的坏死、溃疡灶

（图 4-17），喉会厌软骨、杓状软骨、喉室黏膜附有一层灰白或污褐色假膜，假膜下有溃疡；咽喉部淋巴结化脓、坏死（图 4-18）。气管内膜有一定的炎症变化，肺部有出血及炎症症状。

图 4-17　喉室入口肿胀、喉室狭窄　　图 4-18　喉部淋巴结化脓坏死

（六）诊断

根据临床症状特点、流行病学特点和病理变化特点，可做出临床诊断。

确诊本病可采取喉部淋巴结化脓坏死组织立即进行涂片、染色，然后用油镜进行病原检查，可观察到呈短杆状、球杆状的革兰氏阴性菌，也可采取喉部淋巴结化脓坏死组织培养、分离进行病原鉴定。

（七）治疗

① 对牛群中的发病牛及时进行隔离治疗；对无治疗意义的病牛及时淘汰。

② 肌内注射氟苯尼考 + 维生素 A、D 注射液（用量与预防注射相同）。维生素 A、D 每头牛注射 2~3 次即可，5 mL/ 次，氟苯尼考每天注射 1 次，每千克体重 20~30mg。

另外，每天配合输液治疗 1 次，除葡萄糖、电解质等对症治疗药物外，输液时加入磺胺甲氧嘧啶每千克体重 20~30mg。

③ 对发病犊牛每天用 3% 双氧水清洗口腔 1~2 次，每次清洗后在犊牛口腔中的坏死灶、溃疡面上涂抹碘甘油。

（八）预防措施

① 对发病牛群中发病的犊牛，每头注射维生素 A、D、E 一次，5 mL/ 次；按每千克体重 20~30mg 的用量肌内注射氟苯尼考，每天注射 1 次，连续注射 3d，进行预防控制。

② 彻底更换犊牛圈舍铺垫的垫草，保持垫草、地面干燥，并做好犊牛舍的通风换气工作，做好通风、换气与保暖工作的协调统一。

③ 在犊牛饲养阶段要高度重视干草的加工调制，以防粗硬的干草损伤犊牛口腔黏膜，笔者经历的这起犊牛坏死性喉炎发生的牛场就存在干草粗、硬、长的问题。

④ 加强哺乳期犊牛饲养管理工作，增加哺乳期犊牛的精料采食量，给哺乳期犊牛提供优质干草。

⑤ 肖定汉曾报道，京郊某牛场在饲养过腐蹄病牛的圈舍内饲养犊牛，结果引起了犊牛白喉流行。所以，不能在隔离治疗腐蹄病牛舍中饲养犊牛。

四、犊牛副伤寒

犊牛副伤寒也叫犊牛沙门氏杆菌病，是由多种血清型的沙门氏菌属细菌引起的一种传染病，可导致犊牛败血症、肠炎、关节炎（图 4-19）、肺炎病理变化及临床症状。

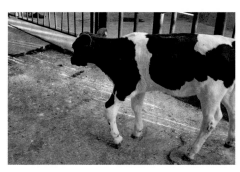

图 4-19 慢性关节型犊牛副伤寒

（一）病原

沙门氏杆菌为革兰氏阴性兼性需氧和兼性厌阳菌，形态与大肠杆菌相似。沙门氏杆菌属细菌对热、消毒药及外界环境有较强的抵抗力，对抗生素易产生耐药性。此类菌在水中可存活 2~3 周，在粪尿中可存活 4~12 个月甚至以上。此类型菌的血清型有 2 400 多种，许多沙门氏菌都能引起犊牛发病，最常见的沙门氏菌为鼠沙门氏菌、纽波特沙门氏菌、都柏林沙门氏菌、肠炎沙门氏菌。

（二）流行病学

此病对犊牛危害巨大，呈地方性流行，发病率高达 20%~70%，死亡率高达 5%~75%。泌乳牛也可发病，成年牛多为散发或隐性带菌，牛群一但感染本病，此病短期内难以在牛群中清除、净化，在多雨水的夏季此病发病率最高。

病牛和隐性带菌牛是主要的传染源，主要通过消化道传播流行，犊牛采食或接触了病牛粪便、尿、唾液、胎水、子宫排出物等污染的奶、饲料、饮水、喂奶用具、环境、犊牛体表等时可引起发病。

有一种说法认为，沙门氏菌种类及血清型较多，也是牛体内的一种寄生菌，通常情况下由于沙门氏菌在牛的肠道中数量少、毒力低不会引起犊牛发病；但当犊牛营养不良、环境恶劣，牛群饲养管理不当，气候巨变，密度较大等导致犊牛免疫能力下降时，可引起本病发生。

在长期存在本病的奶牛场，此病的发生率高低就成了奶牛场饲养管理水平高低的一个衡量指标。

（三）发病机理

沙门氏菌通过口腔进入消化系统后，在结肠、回肠内大量繁殖进入肠黏膜，并产生大量内毒素，从而引起肠黏膜炎症，表现充血、出血、水肿及回肠和盲肠黏膜增厚形成皱褶。同时，肠黏膜炎症过程中产生的前列腺素激活腺甘酸环化酶，肠上皮细胞分泌水、HCO_3^-、Cl^- 等离子增加，抑制 Na^+ 吸收，肠蠕动加强，从而表现出腹泻、拉稀、脱水、低血糖、低血钠、休克等症状。

当犊牛免疫力进一步下降时，沙门氏菌侵入肠系膜淋巴组织并在其大量繁殖，通过肝脏的网状内皮细胞进入血液，于 24~28h 引起机体体温升高,并引起败血症和严重的胃肠炎。沙门氏菌也可以随血液循环到肺、关节,以菌血症的方式引起肺炎和关节炎。

患病后耐过不死的犊牛,沙门氏菌可以在肠淋巴结、肝脏、肺脏、脾脏、胆囊侵害相应的组织器官,从胆汁和肠壁病灶中持续向外排出病原污染环境。

（四）临床症状

根据犊牛副伤寒病程急缓、长短和严重程度可将其分为急性和慢性两种。

1. 急性

急性型主要以败血症、急性肠炎和肺炎症状为特征（图4-20）,生后48h左右即可发病。病程短的2~3d死亡,大部分在10d左右死亡,病程长者20多天死亡,也可转为慢性型。发热和腹泻是急性沙门氏菌病的一个常见症状。初期体温可升高到40~41℃,呼吸和脉搏

图4-20 急性腹泻型犊牛副伤寒

加快,食欲下降或不食。沙门氏菌引起的肠炎粪便多呈黄色,粪便中常有血液、黏液甚至有黏膜碎片,粪便稀而难闻,后期虚脱、卧地不起、消瘦、脱水、体温降低。急性犊牛副伤寒死亡率高达10%以上。

2. 慢性

慢性犊牛副伤寒包括两种情况。其一,由急性副伤寒转变而来,主要表现为肠炎、肺炎。食欲较差,可时好时坏,肺炎时轻时重,体温时高时低,咳嗽、流浆液性或脓性鼻涕。这种慢性病例恢复期

很长，犊牛消瘦，生长缓慢。其二，从发病初期就以关节炎为主要表现，并表现有一定的腹泻或肺炎症状。此类型发病病程较长，可达30~50d，发病率可达5%~24.3%。头胎牛也可发病，发病率为5%（7/135）。

多在出生后7~10d发病，以关节肿胀为主要特征，关节肿胀具有一定的对称性，多为两前肢的腕关节、肩关节肿大，或为两后肢的跗关节、膝关节肿大（图4-21）。患病犊牛不愿走动、跛行、喜卧，食欲下降，精神沉郁，体温一般为40~41℃，发病一周后体温大多恢复正常。患病牛消瘦，有些伴有轻度腹泻症状，个别患病犊牛流脓性鼻涕、伴有呼吸道炎症（图4-22），犊牛脐带干燥、脱落情况不良。采用一般对症治疗效果不佳，除死亡病例外，多数因丧失饲养价值被淘汰处理。

图 4-21　犊牛副伤寒引起的肿大　图4-22　犊牛副伤寒引起的呼吸道症状及脓性鼻涕

需要强调的是，犊牛副伤寒病主要发生于犊牛，可发生于育成牛、头胎分娩后的牛，也可以发生于成母牛。从临床症状和病理变化来看，目前关节炎型较为多见。另外，发生副伤寒的牛除表现腕关节炎、跗关节炎症状外，还会表现出膝关节炎和肩关节炎的临床症状，此临床现象及病理变化属于此病的一个特殊性临床表现，对临床诊断有重要参考价值。

另外，此病虽然被称为犊牛副伤寒，但首次分娩的奶牛产后也可发生本病（图4-23），发病率可达5%，头胎牛发病多在产后一月内；成母牛多为隐性感染带菌状态。

近年来，以关节炎为特征的慢性型病例较为多见；以败血症、急性肠炎和肺炎症状为特征的急性病例相应要少见一些。

图4-23　头胎牛产后副伤寒病例

（五）病理变化

关节腔内有多量、红色、混有少量纤维絮片的液体。关节周围的腱鞘肿大，腱鞘中含有多量淡红色渗出液。

胃肠黏膜呈出血性炎症，有出血点，水肿，肠系膜淋巴结肿大、出血；肝脏肿大，肝脏上有点状坏死灶。回肠和盲肠黏膜增厚形成皱褶，甚至出现溃疡病灶或纤维素性坏死。膀胱、肾有少量出血点，肺脏有炎性灶。

（六）诊断

根据临床症状、流行特点及病理变化可做出初步诊断。确认本病可采取肝脏、肺脏、肠淋巴结或关节腔炎分泌液体做沙门氏菌培养、分离、鉴定。

（七）治疗

本病的治疗原则是：杀菌消炎、防止虚脱、止痛排液；兼顾局部治疗和全身治疗。

1. 全身治疗措施

用长效土霉素注射液每天肌内注射一次或注射头孢噻呋钠针剂进行治疗。其次就是对症治疗，如解热镇痛（氟尼辛葡甲胺）治疗、补液治疗、支持营养治疗等。

2. 局部治疗措施

① 对肿胀严重者穿刺排液后内注青霉素、链霉素、地塞米松、普鲁卡因进行治疗，可进行 2~3 次，但操作过程中要注意严格消毒。

② 利用青霉素和盐酸普鲁卡因在关节上方进行封闭治疗，隔天 1 次。

③ 肿胀关节上涂抹活血、化瘀、消肿的中西药制剂进行配合治疗。

此病具有很大的复杂性，奶牛一旦感染本病，难以彻底消除，此病在少数奶牛场长期存在，根深蒂固，损失巨大。必须采取综合措施进行控制净化，重治疗、轻综合预防的思想是十分有害的。

（八）预防措施

① 做好产房消毒工作，及时清理排出的胎衣、胎水等分娩排出物，地面用 3% 火碱每天、每产认真消毒。防止母牛通过分娩排出物对产房环境造成污染，防止犊牛通过接触隐性带菌母牛的分娩排出物而感染发病。

② 犊牛出生后，立刻单独隔离饲喂，初乳要进行巴氏消毒，犊牛舍在全面彻底消毒一次后，每天坚持消毒 1 次。

③ 产房安排专人昼夜值班，保证犊牛在出生后 1h 内喂上初乳，喂量为体重的 10%，提高犊牛自身免疫力。

④ 认真做好断脐工作，断脐后用 10% 碘酊浸泡或药浴脐断端，防止新生犊牛通过脐带感染本病。

⑤ 在本病发病时期，犊牛出生后，全部喂服药物进行预防控制，喂服时间为连续 5d。土霉素粉，每天 1 次，每次直接向口中喂服 2g；或注射用链霉素，早晚各口服一瓶（100 万 IU）。

⑥ 对患病牛立即进行隔离治疗。

⑦ 对无治疗价值的较重病例要及时进行淘汰处理。

⑧ 注射疫苗预防本病是一种有效方法，可获得良好的预防效果。

五、犊牛真胃溃疡

犊牛真胃溃疡是由生物性、物理性、分泌物或排泄物长期刺激真胃黏膜，在真胃黏膜上形成长期不愈的慢性病理性肉芽创（图4-24）。真胃溃疡是犊牛较为常见的一种慢性内科疾病，其发病率高达32%~76%，治愈率低、死亡率高、易复发是此病的一个特点。

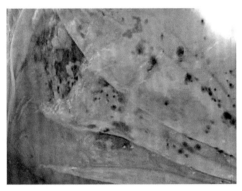

图4-24　真胃黏膜上的溃疡及出血性病理表现

（一）病因

到目前为止，我们尚未完全破解犊牛真胃溃疡的真正病因。但临床研究表明，如下原因是导致或促进犊牛真胃溃疡发生的主要病因。

1. 初乳不足或质量低下

由于犊牛食入的初乳不足或质量低下是导致犊牛溃疡发生的一个原因。初乳喂量不足或质量低下，可使犊牛从初乳中获得免疫球蛋白、淋巴细胞、母源细胞的数量显著减少，导致犊牛免疫能力低下，从而增大了产气荚膜梭菌、幽门螺旋杆菌、鼠伤寒沙门氏菌、八叠球菌等引发真胃溃疡的可能性。

2. 喂乳间隔时间过长

犊牛真胃分泌的凝乳酶、胃蛋白酶是犊牛消化胃内乳汁的两个主要酶，这两种酶都具有分解蛋白质的作用。当真胃空虚无内容物，且真胃内 pH 值在一定范围内时，这两种酶可以分解胃壁组织，从而引发真胃溃疡。

研究表明，凝乳酶在 pH 值为 3.0~3.8 的环境下其分解、消化、凝乳的活性最强，pH 值 > 3 时减弱；胃蛋白酶在 pH 值 2.0~2.5 的环境下其分解、消化活性最强，pH 值 > 3 时减弱。由此可见，犊牛空腹时，长时间的低 pH 值环境可以导致凝乳酶、胃蛋白酶对胃壁黏膜的自我消化，从而导致真胃溃疡发生。如果真胃无内容物时 pH 值维持适宜的数值，或科学地减少哺乳期犊牛空腹时间，使犊牛真胃酸碱度更多时间维持在 pH 值 3.0~3.8，就可以达到减少本病发生的结果。

进一步的临床研究表明，喂奶次数与犊牛真胃内环境的 pH 值确实存在密切关系（表 4-1），结合养殖模式确定适当的饲喂次数，或采用犊牛自动饲喂系统，对减少犊牛真胃溃疡有实际作用。另外，增加喂乳次数也可防止真胃 pH 值降低。

表 4-1　喂奶次数对哺乳犊牛真胃 pH 的影响（日喂奶量为体重的 12%）

24h 喂奶次数	喂奶间隔时间（h）	真胃 pH 值	真胃 pH 值 >3.0 在 24h 内持续时间（h）
0	–	1.73	0
2	12	3.44	11.8
3	8	3.69	16.4
4	6	3.64	14.6
8	3	3.67	17.0

由表 4-1 可以看出，在没有采用犊牛自动饲喂系统的情况下，一日三次喂奶是一种较为适宜的喂奶次数（图 4-25）。

3. 异食

犊牛阶段由于其消化功能尚不健全，神经、内分泌系统对消化系统的调控功能还在发育成熟之中，饲养管理不当（哺乳期过早给犊牛喂青贮饲料、所食的颗粒料品质差）就更容易发生消化功能紊

图 4-25　科学制定犊牛哺乳次数

乱，犊牛此阶段也是最容易发生异食现象的阶段。如果犊牛岛或犊牛圈中的垫料为稻壳、锯末、沙子、发霉垫草或其他异物，犊牛容易因异食而食入此类异物，这些物质在此阶段的犊牛真胃中难以消化，损伤真胃黏膜，进一步促进了真胃溃疡的发生，也会因此引起犊牛腹泻等疾病发生。

4. 细菌及寄生虫

在犊牛真胃溃疡病变中，目前已经分离到了产气荚膜梭菌、八叠球菌属、鼠伤寒沙门氏菌等。

1988 年，肯萨斯州立大学兽医学院的研究员用人工实验方法，利用 A 型产气荚膜梭菌感染犊牛真胃发生了真胃炎，这也是为什么存在梭菌感染牛场，犊牛腹泻问题较多的原因之一。其次，消化道寄生虫也是引发真胃溃疡的一个诱发因素。

另外，大家普遍认为幽门螺旋杆菌（Hp）感染是犊牛真胃溃疡发生的又一个病原菌。有资料显示，在人的胃溃疡中 Hp 的检出率为 70%~90%，在十二指肠溃疡病中，Hp 的检出率高达 95%~100%。

5. 应激

应激（断奶、气温剧变、惊吓等）也是诱发真胃溃疡的一个原因。应激可通过神经内分泌系统增加胃酸分泌，减少胃肠黏液分泌

（减弱胃壁的保护作用），又可影响胃肠道黏膜的血液供应。另外，机体受到应激时产生多量肾上腺素类激素，这些类固醇还能减缓胃壁的再生能力。所以，应激也是诱发真胃溃疡的一个原因。

（二）真胃溃疡的类型及临床症状

根据真胃溃疡的组织损伤程度，可将其分为三种类型。

1. 轻度

真胃黏膜和黏膜下层组织受到损伤（图4-26），黏膜下层血管轻度损伤，犊牛食欲下降，粪便中混有少量鲜血。

2. 中度

真胃黏膜及膜下层血管受损、破裂出血，但未穿孔，患病犊牛食欲减退，排黑色粪便，粪便黏性增高。

图4-26　犊牛真胃黏膜损伤

3. 重度

真胃黏膜、黏膜下层、肌层及浆膜层受到贯通性损伤，真胃内容物进入腹腔，依据穿孔大小可引起局部性腹膜炎或腹腔广泛性腹膜炎（图4-27）。患病犊牛食欲废绝，初期体温升高，精神沉郁，腹痛，胃肠蠕动停止，卧地不起

图4-27　真胃溃疡引起的广泛性腹膜炎

并伴发痛苦呻吟，后期体温下降，休克。

除上述表现外，患病犊牛根据病情轻重还会表现不同程度的瘦弱、被毛粗乱无光泽，可视黏膜苍白、贫血，饮水多、呕吐，昏睡、磨牙，血液检查可见白细胞总数减少，粪潜血检查阳性等症状。

（三）发病机理及病理变化

真胃溃疡的主体发病机理是真胃分泌的凝乳酶、胃蛋白酶在低酸度环境下对胃组织发生的自体消化。长期不愈的慢性病理性肉芽创炎症局灶是真胃溃疡的典型病变，在真胃壁可见到溃疡灶，重度真胃溃疡可形成胃穿孔及腹膜炎。

导致胃黏膜等胃组织糜烂、坏死、穿孔的基础原因是胃组织因局部缺血而发生的组织坏死。大量的病理剖检证明，其溃疡和坏死灶多发生于胃壁易发生缺血的部位，即真胃大弯中线附近。这是因为真胃的血管是从真胃小弯的中线开始，对称性的向胃壁二侧分布，在血管分布过程中血管分支逐渐增多，并由大血管变成细小血管，最后胃壁两侧的血管通过树枝样的小血管在真胃大弯中线部汇合，在两侧血管汇合处血管的分布存在肉眼可见的空白区域，因此真胃大弯中线部血管分布密度最小，所以，此部位也就成了最容易发生缺血的部位，血液循环最差的地方就是胃穿孔多发的地方。

（四）诊断

对于犊牛真胃溃疡的诊断在其病程后期，通过临床症状可做出临床诊断，但对于处于病程早期或轻度的真胃溃疡临床诊断则较为困难。

实验室诊断中，血液白细胞总数减少，贫血，红细胞数下降，粪便长时间的潜血阳性是确诊本病的重要指标，再结合临床症状及病程可做出诊断。

（五）治疗

根据本场导致真胃溃疡发生的具体饲养管理因素，消除病因或改善饲养管理。

清理真胃，灌服真胃黏膜保护药剂。

① 禁食半天后，灌服液体石蜡油 200mL，清理真胃。

② 灌服氧化镁 100~150g/ 天；或灌喂服 "胃得乐" 5~10 片，早晚各 1 次；或灌服硅酸镁 50~100g/ 天。同时，口服磺胺类药物控制胃内细菌感染，抑制真胃黏膜的炎症过程。

也可利用拮抗 H_2 受体制剂，通过减少胃酸分泌的原理进行治疗。

对症治疗。

① 针对贫血注射维生素 B_{12} 或复合维生素或铁制剂、止血敏等进行治疗；

② 针对腹痛注射氟尼辛葡甲胺非甾体类解热镇痛药等进行治疗；

③ 输糖、补液、补充营养元素。

第五章

其他疾病

一、奶牛腹膜炎

随着奶牛养殖模式的发展、变化，奶牛腹膜炎发病率显著升高，在饲养管理存在较严重问题的奶牛场，本病的发病率高达 2%~3%，所造成的经济损失较大。其直接的经济损失往往表现为一头犊牛饲养成本或一头后备牛 24 个月饲养成本的完全损失；另外，奶牛腹膜炎还会造成育成牛子宫、卵巢、输卵管之间及与腹膜的粘连，此情况往往由配种员在育成牛第一次配种检查时揭示、发现。

另外，由于奶牛腹膜炎病程进展缓慢、病程长，大多数患病牛在腹膜炎发展到后期或严重的广泛性腹膜炎时才表现临床症状，而且多以急性死亡告终。所以大家常常在对此病诊断和防控上存在认识不清、重视不够、难以确诊等问题。

（一）发病原因

1. 犊牛脐带感染

脐炎是犊牛的"三大疾病"之一，脐带感染不仅可以引发脐炎，也是导致犊牛腹膜炎的一个重要原因。

脐带中的脐静脉通过脐带经过脐孔进入胎儿腹腔，沿肝脏镰状韧带游到肝脏，通过肝脏静脉导管与胎儿肝脏相通、相连。脐带扯断后 5~30min，断端脐静脉管关闭，从脐带到肝脏这一段的脐静脉形成肝脏圆韧带（图 5-1）。

脐带中的脐动脉由胎儿的腹主动脉分支而来，沿膀胱二侧下行，经过脐带穿过脐孔而出腹腔。脐带扯断后5~20min，脐动脉回缩到胎儿腹腔内而封闭，随后变成膀胱圆韧带（图5-1）。

当断脐处理不当时，就可导致脐带感染，脐带炎症可上行扩散到达腹腔而发生腹膜炎，腹膜炎可由局限性腹膜炎发展为大面积的广泛性腹膜炎。

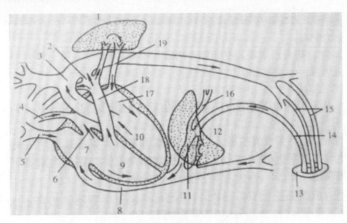

图5-1　胎儿脐带血液循环模式

1.肺脏；　2.动脉导管；3.主动脉；4.肺静脉；5.前腔静脉；6.卵圆孔；7.右心房；8.后腔静脉；9.右心室；10.左心室；11.静脉导管；12.肝脏；13.脐带；14.脐静脉；15.脐动脉；16.门静脉；17.左心房；18.肺动脉；19.肺静脉

笔者曾解剖检患腹膜炎的犊牛9例，其中3例腹膜炎的病理变化起始于脐部，呈现由脐孔部向整个腹腔蔓延、扩散的病理学特点。由此证明，脐带感染是引发腹膜炎的原因之一。

2. 犊牛真胃炎或真胃溃疡

犊牛真胃溃疡是由生物性、物理性、分泌物或排泄物长期刺激真胃黏膜，在真胃黏膜上形成长期不愈的慢性病理性肉芽创。真胃溃疡是犊牛较为常见的一种慢性内科疾病，其发病率高达32%~76%，治愈率低、死亡率高、复发是此病的一个特点。真胃溃疡一般由真胃炎发展而来，真胃溃疡发展到一定阶段可导致真胃穿孔或真胃破裂（图5-2），真胃穿孔可导致腹膜炎或犊牛死亡。所以，真胃溃疡是导致奶牛腹膜炎的又一原因。

相比较而言，犊牛真胃溃疡的发病率显著高于经产牛发病率，经产牛如若发生严重的真胃溃疡也可以导致真胃穿孔和腹膜炎。由此可见，腹膜炎是奶牛所有阶段都可以发生的一个内科疾病。

图 5-2　真胃穿孔及腹膜炎

3. 产道损伤

奶牛在分娩过程中由于难产、助产不当等因素引起的产道损伤或撕裂是奶牛产科病中的一个常见病。此损伤如果使生殖道内的胎水、恶露等分泌物的成分扩散到腹腔就可以引发腹膜炎发生。

随着养殖模式（饲养规模、初配月龄等）的变化，难产及分娩过程中的产道损伤发病率明显升高，笔者在某万头牧场统计发现，在自然分娩状况下，头胎牛的产道损伤率高达 8%，如此高的产道损伤实属罕见，产道损伤也是导致经产牛腹膜炎的一个原因。

除上述病因外，犊牛阶段的腹腔封闭治疗过程中消毒不严格也可导致腹膜炎发生。另外，人工授精过程中由于牛只保定不当，输精器使用失误所致的生殖道损伤也可导致腹膜炎发生。由于这两种原因所占比例小，此处不作重点叙述。

（二）临床症状

1. 犊牛脐带感染引起的腹膜炎

犊牛脐带感染所致的腹膜炎，其腹膜炎发生的起始点为出生后不久，正常情况下如果断脐工作到位，在出生后 10d 左右脐带会完全干脱。如果此时脐带没有干脱、仍然潮湿、脐部肿大或脐部有感染（图 5-3），这些犊牛从理论上讲都有发生腹膜炎的可能。

如果此类腹膜炎引起的病理变化较轻，随着饲养管理水平的改善和体质健康提升，其腹膜炎可以自行痊愈。如果犊牛体质弱、饲养管理差，腹膜炎的病理变化进一步扩展，犊牛会表现生长缓慢、瘦弱、食欲低下、被毛粗糙

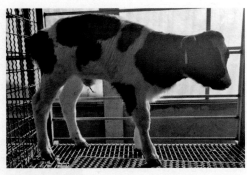

图 5-3　脐部感染／脐带炎

无光泽等症状。这样的犊牛在牛场往往被饲养人员称为"赖瓜子"牛，这些患病牛大部分在后备牛的选育过程中会被淘汰。另一部分患病牛会在 4 月龄左右因发展为广泛性腹膜炎而死亡，还有一些患病牛多在青年牛怀孕最后三个月以猝死而告终，个别患病牛会因分娩应激而死于产后。

2. 真胃炎或真胃溃疡引起的腹膜炎

犊牛真胃溃疡的发病率显著高于经产牛发病率，经产牛如若发生严重的真胃溃疡可以导致真胃穿孔，从而导致腹膜炎发生。所以，由真胃炎、真胃溃疡、真胃穿孔或破裂所致的腹膜炎可以分为两种类型。

由真胃炎、真胃溃疡、真胃穿孔或破裂引起的腹膜炎多在犊牛生长的中后期（40~180 日龄）表现出真胃炎、真胃溃疡、真胃穿孔的临床症状，当发展成真胃穿孔、真胃破裂时则呈现腹膜炎症。主要呈腹泻、排黑色煤焦油样粪便（图 5-4）、贫血、异食，初期体温升高，腹痛不安、踢腹、腹部臌胀、真胃积液，精神

图 5-4　真胃溃疡牛的煤焦油样粪便

沉郁、食欲下降、卧地不起、死亡等临床表现。

成年牛的真胃炎、真胃溃疡、真胃穿孔或破裂引起的经产牛腹膜炎发病率显著低于犊牛，其初期主要表现真胃炎、真胃溃疡、贫血、食欲差、瘦弱、精神状态差等症状。

从发生真胃炎、真胃溃疡、真胃穿孔再到广泛性腹膜炎的过程较长，一旦发展到广泛性腹膜炎，将因全身性败血症或脓毒败血症而死亡。

3. 产道损伤性腹膜炎

产道损伤性腹膜炎往往发生于分娩过程，临床症状出现在产后（围产后期），头胎牛的发病率高于经产牛。其主要表现为患病牛产后不适，产道检查时会发现产道损伤，子宫、产道感染发炎、腹痛、体温升高、食欲下降或废绝、精神沉郁、产道积液、积气、恶露增多，努责时从产道"放屁"（俗称阴吹病），外观外阴肿大、外突（图 5-5），全身症状以腹膜炎为主。

图 5-5　分娩过程产道损伤引起
的外阴外突

（三）病理变化

腹膜炎的病理变化以腹腔较大面积的渗出性炎症、纤维蛋白性炎症及大肠杆菌感染为特点。如果是由真胃穿孔或破裂引起，会看到相应的真胃溃疡性病理解剖变化，例如：真胃溃疡、真胃穿孔等（图 5-2）；如果是由产道损伤引起，也可看到产道及子宫损伤性病理解剖变化；如果是由脐炎扩展而来也可能会在脐孔周围看到相应的脓包或化脓性病灶。

腹腔的主要病理变化是腹腔有大量混浊的腹水（图 5-6），腹膜与腹腔器官、腹壁粘连，子宫、卵巢粘连，腹腔器官肝脏表面有纤维蛋白附着（图5-7），腹水内有多量纤维蛋白凝固絮片，腹腔有一种组织器官糜烂腐败的臭气味（图5-8），腹膜显著变厚、颜色变黑（腹腔穿刺诊断时用短针头难以抽出腹腔积液）。对于严重的脓毒败血症，死亡后剖检中个别病例可在心室、心房中看到脓汁（图5-9）。

图5-6　腹腔中大量混浊积液　　图5-7　腹腔组织器官粘连

图5-8　腹腔器官组织器官糜烂坏死　　图5-9　患病牛心脏中的脓汁

（四）诊断

由于奶牛腹膜炎病程较长，进展缓慢，所以根据临床表现难以做出早期诊断。

另外，当青年牛或成年牛发生严重腹膜炎时，患病牛除了上述分类介绍的临床症状外，其躺卧时会表现出特殊的姿势，从正常的半侧卧姿势会变为一种较为少见的"正卧姿势"（图5-10），同时腹部明显紧缩变细，从而感觉头长大、腹小细的一种现象（图5-11）。这一行为姿势和外形的变化，对临床诊断有一定参考价值。

图5-10、图5-11　腹膜炎牛的外观形态及卧姿

奶牛腹膜炎最直接的诊断方法就是腹腔穿刺，通过对异常的腹腔积液数量、形态、细菌学方面的检查就可以具体确诊。

解剖学诊断也是一种有效而直接的方法，但在对奶牛腹膜炎缺乏系统全面了解的情况下，往往会将奶牛腹膜炎诊断为奶牛大肠杆菌病，出现这种结果主要是因为大肠杆菌是奶牛腹膜炎继发感染过程中的一个主要微生物。

（五）防治措施

由于本病病程进展缓慢，前期症状较轻，发展到后期往往突然死亡，在临床观察中不易被发现，往往会耽误早期的最佳治疗期。如果早期能做出准确诊断，采取腹腔封闭疗法、全身抗生素治疗疗法可获得良好的治疗效果。因此，奶牛腹膜炎有效的防控方法重在预防，针对原发病因进行防治可获得良好效果。

1. 针对犊牛脐带感染的防控措施

做好犊牛环镜卫生清洁工作，认真做好断脐工作，防止因断脐过短出现脱脐或脐孔闭锁不全现象。断脐后用碘酊进行脐带断端浸泡消毒，其碘酊浓度以 10% 为好，10% 碘酊的消毒、拨干作用优于 2%~5% 的碘酊，当天断脐浸泡消毒后可持续浸泡消毒 2~3d，每天 1~2 次。保证脐带在断脐后 10d 左右干脱。

对脐部感染或脐炎要积极治疗，以防止炎症上行感染引发腹膜炎。

2. 针对牛真胃炎或真胃溃疡的防控措施

做好哺乳期犊牛的精细化管理，积极预防哺乳期犊牛消化功能紊乱；对于犊牛真胃炎、真胃溃疡及时进行治疗，以防发展成真胃穿孔。提升哺乳期犊牛对颗粒料采食量，强化犊牛对草料的消化吸收能力，减少断奶应激。

对哺乳期犊牛消化不良、真胃炎、轻度真胃溃疡用复合酶制剂进行治疗，可获得较好的防控效果。

3. 针对产道损伤的防控措施

在奶牛分娩过程中要做到难产判断精准、助产时机掌握恰当，不可过早助产、盲目助产；助产过程要细心认真，不可强拉硬牵，以防产道损伤。

对于难产牛，助产结束后要进行产道检查，如果存在产道损伤要针对具体损伤情况进行涂抹药物、缝合处理等治疗措施，并配合缩宫素、抗生素、氟尼辛葡胺进行治疗。如果牛场自然分娩母牛产后产道损伤问题较严重，要从饲养管理查找问题（例如，干奶牛过肥、青年牛或育成牛饲养管理粗放、密度大、生长发育差等）。

重视泌乳牛饲养管理，忽视后备牛饲养管理，尤其是不重视育成牛管理的问题在许多牛场都有不同程度的存在。不重视育成牛的饲养管理，将会导致这批不受重视的后备牛在分娩时的难产率和产道损伤率显著升高。

二、苜蓿青贮引起的急性瘤胃臌气

瘤胃臌气是由于过食易发酵饲料和食物在瘤胃细菌参与下过度发酵，迅速产生大量气体，使瘤胃体积急剧增大，胃急剧扩张，并呈现反刍和嗳气障碍的一种疾病。目前，这种疾病在规模化牧场中已不多见，但在偏爱苜蓿青贮的牛场偶有发生，而且多呈现急性瘤胃臌气类型。

（一）病因

① 日粮配比失误，日粮中苜蓿青贮过多。

② 饲喂多量的二次发酵苜蓿或质量低下（腐败、变质）的劣质苜蓿。

苜蓿营养价值高，价格也高，当苜蓿青贮发生二次发酵或发生一定程度的腐败变质后，某些牧场舍不得将其废弃，仍然加入日粮中，这是饲喂苜蓿青贮导致瘤胃臌气发生的一个原因。

当苜蓿青贮在开窖、开包后由于运输、贮存过程中发生二次发酵后，有些牛场为了减少损失，利用这些二次发酵的苜蓿青贮来饲喂后备牛（例如，育成牛），这是饲喂苜蓿青贮导致瘤胃臌气的又一个原因。

苜蓿及苜蓿青贮都是含蛋白质高、多汁、易发酵产气的饲料，而且此发酵所产生的臌气为泡沫性气体，不易排出，即便瘤胃穿刺放气也不易排出。

（二）临床症状及病理变化

腹部臌大，左侧腹部更为突出，扣诊可听到鼓音，急性严重病例，用手拍打牛腹，感觉腹部如鼓。病牛起初表现不适，频频起卧、踢腹、出汗。呼吸困难，张口伸舌头，流涎，头颈伸长，眼结膜暗红，反刍和嗳气消失，心跳变快。急性重病例会在 3~4h 内发生死亡。

严重病例整个牛体膨大、身体膨胀如鼓（图5-12、图5-13），可导致胃肠严重臌气（图5-14），胃肠破裂（图5-15、图5-16），大量气体窜入皮下，用手拍打能感觉到皮下有气体的感觉。

图5-12　整个牛体膨大、身体膨胀如鼓　　图5-13　瘤胃臌气牛皮下充气

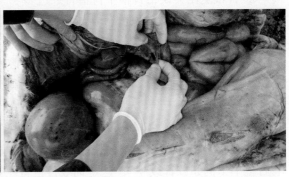

图5-14　瘤胃异常扩张　　　　　　图5-15　肠破裂（1）

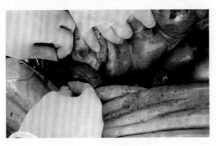

图5-16　肠破裂（2）

（三）治疗措施

治疗原则为：去除病因、排气减压、止酵、促进瘤胃蠕动。

轻度瘤胃臌气去除病因，停喂相应苜蓿青贮后可自行恢复。急性病例应该尽快进行治疗，否则会由于过度臌气而窒息死亡。

① 瘤胃穿刺或瘤胃切开手术治疗。

临床上一般多用瘤胃穿刺这一方法，瘤胃穿刺的部位为左肷窝三角区中心的稍上方，术部要剪毛、碘酊消毒。放气过程中要充分固定套管针，放气不宜太快。

② 放气后可向瘤胃中注入止酵剂及泻剂（例如，鱼石脂10~20g加酒精100mL，二甲基硅油，口服硫酸钠400g+液体石蜡500~1 000mL等）。

三、现代饲养模式下的奶牛异物性肺炎

异物性肺炎是由于吸入、误投、误咽，导致异物进入肺脏而引起的一种肺组织的急性坏死性、坏疽性肺炎。此病发病迅速，病程较短，如吸入异物数量较大、刺激性较强，往往会迅速导致奶牛死亡。

（一）病因

1.奶牛产后保健时的灌服操作不当

目前，奶牛产后灌服保健技术在奶牛场得到了广范应用，新型液体灌服器（瘤胃补液器）为奶牛产后灌服提供了良好的灌服装备，操作方便、简单。但偶尔也会出现灌服操作失误，将液体成分灌入气管或肺的问题。这种极其特殊的个例问题主要由操作不正确所致，除灌服器投服管误入气管、没有正确判定外，还有一种情况就是灌服液体数量过大（每次30kg左右较为科学），灌服速度过快，而使液体进入气管或肺内。

2.吸入刺激性气体

随着养殖模式的发展变化，牧场对圈舍消毒工作更加重视，但如果使用刺激性较强，不适宜在圈内带牛消毒的药物进行喷雾消毒（例如，甲醛、来苏水、碘酸、聚维酮碘、火碱等），往往会导致牛群发生群发性异物性肺炎，尤其是冬季封闭牛舍中的带牛消毒，会给牧场造成重大经济损失。

3. 吸入杀蚊蝇药物

春夏季节是蚊蝇、昆虫滋生的季节，为了净化牛场环境，每年的春天和夏天杀灭蚊蝇就成了牛场的一项例行工作。利用喷雾、喷洒杀灭蚊蝇时，如果选择的药物不当，在圈舍内进行带牛喷雾、喷洒杀蚊蝇药，当奶牛吸入时就会导致群发性异物性肺炎发生，给牛场造成较大经济损失。

4. 兽医操作不当

兽医在日常的疾病临床治疗过程中，由于灌服治疗药物时技术掌握不精细，强迫投药或投药技术不佳，可导致治疗性异物性肺炎发生。

（二）临床症状

异物性肺炎往往在异物投入、吸入后短时间内发生，患病牛会表现强烈的呼吸困难，气喘、强烈咳嗽，张嘴呼吸、腹式呼吸强烈，病情轻者体温升高，大多严重病例会在 2~5d 死亡。

（三）病理解剖变化

产后保健时灌服失误造成的异物性肺炎，肺脏体积明显增大、水肿（图 5-17），肺实质出血，肺间质变宽、间质内有大量胶冻样渗出物（图 5-18），气管黏膜呈出血性炎症病理变化。如果所灌服的液体较清，内容物细且呈溶解状态，不含特殊的难溶物质或较长中药成分，在肺中不会发现明显的异物或异常物质。

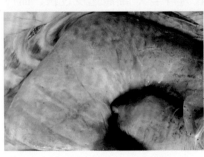

图 5-17　肺脏水肿、体积明显增大　　图 5-18　肺实质出血、间质变宽、间质内有大量胶冻样渗出物

圈舍带牛消毒过程中吸入较强的刺激性气体、气雾造成的异物性肺炎,其肺脏的病理变化以出血性病理变化(图5-19)、坏死性病理变化(图5-20),间质性肺炎,肺实质出血,间质变宽,间质内有大量胶冻样、纤维素样渗出物(图5-21、图5-22)。

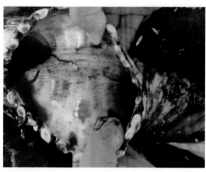

图5-19 气管黏膜呈出血性炎症

图5-20 奶牛异物性肺炎的出血性病理变化

图5-21 奶牛异物性肺炎的出血性、坏死性病理变化

图5-22 奶牛异物性肺炎间质变宽、间质内积聚胶冻样及纤维素样渗出物

圈舍喷雾、喷洒杀灭蚊蝇药物所致的奶牛异物性肺炎的病理变化,表现为严重的肺组织出血、肿大、坏死(图5-23)。其坏死和

出血程度显著比前两种异物性肺炎更为严重。另外，在笔者所遇到的吸入杀灭蚊蝇药物所致的奶牛异物性肺炎的病理变化中，灭蚊蝇药物对瓣胃表现出强烈的毒性作用，导致瓣胃胃叶严重糜烂、坏死（图5-24、图5-25）。

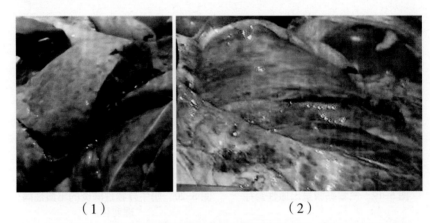

（1）　　　　　　　　　　（2）

图5-23　吸入杀虫剂所致异物肺炎的肺出血、肿大、坏死病理变化

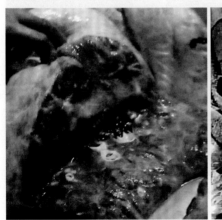

图5-24　吸入杀虫剂所致异物肺炎的　　图5-25　奶牛吸入杀虫剂所致异物
　　　　　间质水肿病理变化　　　　　　　　　　肺炎的瓣胃糜烂坏死

（四）诊断

根据奶牛的临床症状及肺部病理变化特点突出，将三种原因所致的异物性肺炎的肺部病理变化做了详细阐述。供大家在临床诊断时参考。

（五）防治

严重的异物性肺炎没有治疗价值，因为进入牛肺内的异物会对牛的肺造成严重的不可逆转的病理损伤。防止群体性异物性肺炎应该是牛场日常保健、治疗过程中的一个重点。随着奶牛养殖模式及环境卫生要求目标的提升，造成奶牛异物性肺炎的原因也有了很大变化，这就要求我们对当前奶牛异物性肺炎的发病原因、病理变化等有与时俱进的认识和了解。

① 随着产后灌服保健技术在奶牛场的普及，由于对灌服器材使用方法掌握不精细，对瘤胃一次性灌服的液体数量掌握不当及相应机理缺乏深入理解，是导致产后灌服过程中出现异物性肺炎的主要问题，应该加强培训，使操作人员熟练掌握利用灌服器进行产后灌服的专业技术。

② 刺激性较强的消毒药，不宜进行带牛喷雾、喷洒消毒，这应该是兽医人员的专业常识。在奶牛圈舍喷雾、喷洒消毒时一定要仔细了解所喷洒药物的成分，尤其是在半密闭或通风不良的牛舍内，不可盲目用药。否则会造成严重的生产事故。

③ 春夏季节喷洒杀虫药杀灭蚊蝇、昆虫时，要认真选择安全性好的药物，如果牛场将夏天的杀灭蚊蝇、昆虫的工作外包给相应单位，一定要强调其所用药物的安全性。在承包单位以成分保密不宜公开的情况下，一定让其先做小样本安全试验，试验安全后才可开始牛场的全面喷洒灭蚊蝇工作。

参考文献

侯引绪，刘小明，张京和. 2018. 两种剂型钙制剂预防奶牛产后低血钙症临床研究试验［J］. 中国奶牛（1）：30-32

侯引绪，刘小明. 2018. 奶牛产后瘫痪精准化诊断与治疗［J］. 中国奶牛（3）：40-43

侯引绪. 2004. 新编奶牛疾病与防治［M］. 内蒙古：内蒙古科学技术出版社.

侯引绪. 2007. 奶牛繁殖技术［M］. 北京：中国农业大学出版社.

侯引绪. 2008. 奶牛修蹄工培训教材［M］. 北京：金盾出版社.

侯引绪. 2008. 奶牛防疫员培训教材［M］. 北京：金盾出版社.

侯引绪. 2010. 牛场疾病防治实训教程［M］. 北京：中国农业出版社.

侯引绪，李永清. 2016. 一起疑似犊牛传染性鼻气管炎的诊断分析［J］. 当代畜牧（6）：17-18

侯引绪. 2017. 奶牛产后截瘫临床诊治研究［J］. 中国奶牛（1）：39-42

侯引绪. 2017. 规模化牧场奶牛保健与疾病防治［M］. 北京：中国农业科学技术出版社.

侯引绪. 2018. 犊牛真胃溃疡临床防治总结［J］. 中国奶牛（4）：38-40

侯引绪，刘小明，田义. 2018. 奶牛腹膜炎临床防控研究［J］. 中国奶牛（9）：31-34

黄功俊，侯引绪. 2015. 奶牛繁殖新编［M］. 北京：中国农业科学技术出版社.

鲁琳，侯引绪. 2014. 奶牛环境与疾病［M］. 北京：中国农业大学出版社.